自由自在过一生

张小失 著

闲言少了点

袁枚的鱼

U0311880

花山文艺出版社

图书在版编目（CIP）数据

自由自在过一生:闲烹袁枚的鱼/张小失著.——
石家庄:花山文艺出版社,2018.7（2024.1 重印）
ISBN 978-7-5511-3931-1

Ⅰ.①自… Ⅱ.①张… Ⅲ.①饮食—文化—
通俗读物 Ⅳ.①TS971.2-49

中国版本图书馆CIP数据核字(2018)第080220号


书　　名：**自由自在过一生：闲烹袁枚的鱼**
著　　者：张小失

责任编辑：梁东方
责任校对：李　伟
封面设计：李四月
美术编辑：胡彤亮
出版发行：花山文艺出版社（邮政编码：050061）
　　　　　　（河北省石家庄市友谊北大街330号）
销售热线：0311-88643221/29/31/32/26
传　　真：0311-88643225
印　　刷：北京合众伟业印刷有限公司
经　　销：新华书店
开　　本：880×1230　1/32
印　　张：7
字　　数：200千字
版　　次：2018年7月第1版
　　　　　　2024年1月第2次印刷
书　　号：ISBN 978-7-5511-3931-1
定　　价：38.00元

## 序言

### 生活方式即思维方式

一天，我带妻子、女儿在新开设的进口商品直销店，买了一条冰岛海参斑鱼，人民币59元。我相信袁枚先生当年即便怀揣59两黄金，也没见过这东西，因此我比较得意。他老人家的《随园食单》常常让我馋涎欲滴，那么今晚我反馋先生一把。

本人一度想做厨师，是因为忽然感到时间流逝如此迅速，不好好吃一场，难以告慰平生。对《随园食单》的关注，便是出于这种朴素心态。在翻阅过程中，深感古人口福齐天，因为当年很多大路货，现在都成了珍稀物，尤其是鱼类，包括江鲜、海鲜。其实这一改变，颠覆了当代人的生活方式和思维方式，比如身份问题。过去长江边的老百姓，按照季节吃点刀鱼、鲥鱼什么的，挺家常，而今这种机会就罕有了。对此本人感到十分遗憾，因为人群能够被鱼划分的时候，鱼就成了衡量人的标尺。在这标尺下，人的身份地位呈现出一些巧妙的变化。

当然，是人自身造成这种情况的。我们带着雄心壮志改造大自然，结果将自己撂倒了，这肯定不科学，也不划算。作为一个怀揣美食梦

1

的老百姓，与袁枚先生的餐桌之距离，就不仅仅是时间、空间以及金钱的问题了。这是我翻阅《随园食单》的忧伤之一。忧伤产生思想，就像绝望带来希冀一样。这份思想也许不够深刻，但已经通过舌尖，抵达很多中国人的大脑。

后来我决定把袁枚先生提到过的鱼类及相关物拿出来研究一下。所谓研究，就是查查书、上网找找资料。我看到很多与中国古典文化相关的内容。在这个背景中，鱼就不仅仅是鱼，燕窝也不仅仅是燕窝，它们还拥有厚重沧桑的文化历史美感。过去我也零星知道一些，但不像如今这么集中。由此可见，上一段提到的"舌尖通道"，确实具有强大渗透力，甚至就是文化的端头之一。它不仅深深影响我们的生活方式，也参与构建了我们的思维方式。比如在量变引起质变的规律下，一些鱼类的增减，就给人创造了不同的身份标签。

我很喜欢袁枚先生当年所享有的自然状态。这有两个层面：一是袁枚自身倾向自然状态，为此他抛弃了在别人看来颇为重要的俗世位置、社会认同，建了个随园，早早藏起来了；二是他所生活的自然环境与今天相比，非常接近真正的自然。他吃到的一切东西，在我的感受中，都比今天的好。这又有两个层面：一是袁枚没有我们今天的先进烹调工具、成分复杂的调味料，他如果不采用传统做法，就必须另辟蹊径创造新的、独特的菜式；二是他所获得的食材，真正来自大自然，而不是冷库、大棚或其他。袁枚所享有的自然状态，我们今天只能去偏僻乡村、深山或小岛寻找了，但那样的代价一般人都不好承受，为了吃一口"纯天然"，期望享受"自然"，反倒使我们自身状态变得不自然。我是不愿去追寻了，那样会改变我的生活方式，进而颠覆我的思维方式，关于这一点，三毛女士或许是个比较接近的例子。

我与多数现代人一样，害怕颠覆，无论思维方式还是生活方式。大家活得都不容易，能平安，就很幸福。我要保持平稳的思维方式，用它确保我平稳的生活方式。虽然这并不符合我小时候所受到的革命教育，但它符合自然主义，符合人道主义。这也是我喜欢《随园食单》的原因之一——这本书没有一丝革命性。我基于它陈列的部分食材，主要是鱼类与海鲜，也写了一册没有革命性的小书，是不是证明我消极了？我不承认，因为这只是对自然状态的一种向往而已，大自然本身蕴含有革命因素，也有反动因素，但总体是倾向稳当的。

在互联网浪潮推动下，社会的变化与日俱增，而我只想在这不停的"变"之中保持某种"不变"。手捧《随园食单》，细细体味久违的古典书香，追求一种安静的生活，享受一场美食的盛宴。宠辱不惊，看庭前花开花落；去留无意，望天上云卷云舒。

作者于 2015 年 7 月 5 日

# 目录

『水族有鳞单』杂记

『水族无鳞单』杂记

附录：五条来自《诗经》的鱼

# "江鲜单"杂记

# 刀 鱼

刀鱼用蜜酒酿，清酱放盘中，如鲥鱼法蒸之最佳。不必加水。如嫌刺多，则将极快刀刮取鱼片，用钳抽去其刺。用火腿汤、鸡汤、笋汤煨之，鲜妙绝伦。金陵人畏其多刺，竟油炙极枯，然后煎之。谚曰："驼背夹直，其人不活。"此之谓也。或用快刀，将鱼背斜切之，使碎骨尽断，再下锅煎黄，加作料，临食时竟不知有骨：芜湖陶太太法也。（《随园食单》之"江鲜单"）

未来的《中国刀鱼史》将会铭记这一天——

"人民网上海 2013 年 3 月 27 日电　刀鱼和河豚、鲥鱼并称'长江三鲜'……去年最高价格一度被炒到每市斤 8000 元。然而，随着公款吃喝受到遏制等影响，今年的刀鱼价格普遍只有去年的 1/3，一些质量较差的刀鱼批发价仅为 400~500 元一斤……"

物以稀为贵。稀：稀少、稀有、稀罕、珍稀。所以，虽然"质量较差"的刀鱼价格降到"仅"400 元一斤，我也不打算吃，因为这笔钱可以买一双上好的纯国产皮鞋；而按照它的最高价格，当时可以在合肥买一两平方米的房子呢！

我认为傻是对付疯狂的一个比较好的办法。古人说：唱戏的是疯子，看戏的是傻子。那么，我就做那个看戏的。你们唱吧。你把刀鱼捧上天，我也只会昂着头仰望，而不会掏腰包的。因为多年前，我吃过长江刀鱼，并且留下了极其深刻的印象——不过尔尔！

在这个世界上，从未出现超越人类感官认知范围的食物，都是碳水化合物嘛，还能咋的？所以，要我掏 400~8000 元去吃一斤刀鱼，简直是要命啊！在这里，刀鱼的命甚至比人命更值钱。我的体重 150 斤，乘以刀鱼的最高价格 8000 元 / 斤，我顶多值 120 万元。按照每月挣 5000 元来换算，我得工作 20 年。可是，再有 20 年我正好退休啦！这还没算上人民币贬值因素呢！因为在它贬值的时候，刀鱼一定在升值，而我的工资账面数字能保持不降，就谢天谢地了。

我写作此文的时候，白银价格是每克 4.17 元，而刀鱼的最高价格是每克 16 元。所以，出于自尊，我根本不愿意谈刀鱼，不愿意翻开《随园食单》到"刀鱼二法"一节——这使我有一种深深的挫败感。你看袁枚在二百五十多年前的大清帝国里是怎么说的："如嫌刺多，则将极快刀刮取鱼片，用钳抽去其刺。"——一根刀鱼刺，相当于它同等重量 3.8 倍的白银。在这种状况下，我能舍得不吃鱼刺吗？那我不就是在抢猫咪的食物了吗？


已见杨花扑扑飞，鲎鱼江上正鲜肥。

早知甘美胜羊酪，错把莼羹定是非。


——这是宋代安徽人梅尧臣在赞美朋友给他的鲎鱼和鲎鱼（子）酱，鲎鱼即刀鱼。据说宋朝特别流行吃刀鱼，所以有关它的诗词歌赋很多。比如陆游说："鲎鱼莼菜随宜具，也是花前一醉来。"因刀鱼换得花前一醉，在诗人看来，乃是一种境界。南怀瑾先生多次讲到中国古代哲学在诗词中蕴含得普遍而亲切，虽然不成西方式的体系，但是对人的影响却比深奥难懂的大部头著作要广泛得多，只是深度不够而已。陆游便借着鲥鱼的充实感，虚化了某些醒着时看重的事物。虽然有些消极，但自在。而苏轼一句"还有江南风物否，桃花流水鲥鱼肥"，是和朋友诗的，显然借用了著名道士张志和的"桃花流水鳜鱼肥"，也暗含超脱感。

这个世界可能永远不存在如意的文人，所以即便谈一谈刀鱼，都能谈出心中的忧愤或超脱。古诗词中的忧愤之作和超脱之作比比皆是，即便《随园食单》这种古代私人笔记式的不想登大雅之堂的文字，也诞生在袁枚辞官隐居之后，从随园的"随"字即可揣摩作者的心态。袁枚又说"用火腿汤、鸡汤、笋汤煨之，鲜妙绝伦"。可见他在拥有充足的时间之后，对刀鱼之用心，一点儿也不随便。其实火腿汤、鸡汤、笋汤都不重要的，他的那种心态本身就"鲜妙绝伦"。

国人对刀鱼的推崇有悠久的历史，吃刀鱼变成了一种文化。曹操在《四时食制》中就关注过——"望鱼侧如刀，可以刈草，出豫章明都泽"。据说正是曹操赐其名曰"望鱼"。望，是不是名门"望"族、德高"望"重之类的"望"呢？但这个名字现在不流行，还是"刀鱼"来得直接、迅速。曹操看着它都觉得"可以刈草"，有"嚓嚓"的锋利感。但最有趣的还是《山海经·北山经》记载——"其中多鲥鱼，其状如鲦而赤鳞，其音如叱，食之不骄"。有些学者认为正是说的刀鱼。但我没有看到论证过程。我所关注的是"食之不骄"，按照学者解释，"骄"，骚也，即狐臭。难道刀鱼真能治疗狐臭吗？

《说文》对刀鱼的神奇记载更进一步："鮆，饮而不食刀鱼也。九江有之。"我认为这是古人可爱的一面，一如他们认为萤火虫是从腐草里生出的。在没有很多科学道理解释事物的时候，想象力给人们的生活以极大丰富。从根本上看，世界因其无限性而显然是不可知的。科学解释出来的一部分虽然值得赞叹，但我的赞叹不等于全身心地依靠。其实科学在解释萤火虫产生这样的事情上，比我们古人进步不到哪里去，它也只是徘徊于生物学、生理学等领域。

　　作为"长江三鲜"之一的刀鱼，生命历程是艰难曲折的，而这历程又造就它们三种身份：江刀、湖刀、海刀。袁枚虽然没有说他吃的是哪一种"刀"，但根据他住在南京来推测，必定是最好的"江刀"。"江刀"还有一个身份是"海归"。立春之前，它们在海洋里，为了繁殖，它们得在立春那当儿赶往长江口，再逆流而上，一直会游到安庆、鄱阳湖那边。据说刀鱼游到江阴那地方的时候，口味就与"海刀"大有差别了，原因在于肉质更像淡水鱼，并且处于繁殖期，身体各方面条件都显上乘，所以特别鲜美。而游过镇江、南京之后，随着繁殖能力消退，就渐渐不好吃了。这一点，还明显体现在它的刺上——民谚道"清明前细骨软如绵，清明后细骨硬如针"。从"海刀"到"江刀"最后到"湖刀"，其实是同一种刀鱼在时间链条上的不同呈现，"江刀"位于时间链条的中段，也是恰到好处的一段，而这一段从地理上看，就是江阴到镇江、南京那一段。袁枚的随园地址选得真巧！

　　在如此风水宝地吃到如此鲜美的江刀，相比之下，其他鱼就属于山芋、土豆一类了！以袁枚的生活品位，不把美推向极致是不甘休的。所以，面对刀鱼，他心中可能也有近乎对诗词的感情——"性灵说"里洋溢着率真自然、清新灵巧的内涵。那么，刀鱼也必须充分体现刀鱼的味道才好。他曾批评当时的南京土著说："金陵人畏其多刺，竟油

005

炙极枯，然后煎之。谚曰：'驼背夹直，其人不活。'此之谓也。"油炸过的刀鱼显然香味有余而甘鲜不足，即便吃不出刺来，同样也吃不出真正的"刀鱼"来。其"过分性"犹如将"驼背夹直"。这个比喻是很严厉的，涉及生死存亡。可见袁枚对烹调方法的重视程度。

风流才子李渔有言："食鲥报鲟鳇有厌时，鲚（即刀鱼）则愈甘，至果腹而不释手。"这种爱刀鱼的情态，有力地支持了袁枚的见解。我的推理来自"甘"字，它没有被李渔表述为"香"字，所以可猜测其做法近于袁枚，至少不会用油去煎、炸。"至果腹而不释手"则证明他和袁枚一样，爱刀鱼之"鲜妙绝伦"——非"鲜妙绝伦"无以至"不释手"。馋相实在有些天真。这种胀破肚皮也要吃刀鱼的强烈欲望，使我油然想起《肉蒲团》，它的作者如果没有对人世色、香、味的真切、深切、痛切的体验，断不会至今还能影响票房。大凡才子，必有非同寻常的嗜欲。唯嗜之深、欲之切，方能震动人心吧？

当然，这似乎是单方面的"欲望决定论"，它只是"原始推动力"，也可能是"第一推动力"。它推动了每一个人，只是没能把每一个人都推到袁枚、李渔的书房，而让大多游走于厨房和床。长江边有句民谚："宁去累死宅，不弃鲞鱼额。"也就是说，在极端情况下，不但厨房和床，连祖传老宅子都可以卖掉，但那个刀鱼头却不能抛弃。这一算，刀鱼身价再次飙升。如果民众盼望房价下跌，多养一池刀鱼是个不错的选择！这一点，有位叫郑金良的当代人正在实施。但由于成本太高，尚不能普及。但他初步的成功实践，让房奴们看到了幸福的渺茫希望。


**鲜明讶银尺，廉纤非虿尾。**

肩笋乍惊雷，鳃红新出水。

芼以姜桂椒，未熟香浮鼻。

河鲀愧有毒，江鲈惭寡味。

——宋代名士刘宰《走笔谢王去非遗馈江鲚》诗。正是类似这样的诗词，一路将刀鱼的地位抬高了。历来有人冒死吃河豚，一旦刀鱼出现，则河豚有毒、江鲈寡味。这是典型的见风使舵、喜新厌旧。这样的文人其实不配吃刀鱼，因为五代时期的吴越人毛胜，以"功德判官"的身份自居，在其著作《水族加恩簿》里封刀鱼为"白圭夫子"，说它"貌则清癯、材极美俊、宜授骨鲠卿"。这就是说，如果给刀鱼披上官服，那就是一位"骨鲠之臣"，大概会像魏徵、包拯那样直犯龙颜没商量。那么，这样的鱼被见风使舵者吃了，似乎有一种不美的隐喻。

从目前的刀鱼产量就可以看出，"骨鲠之臣"将会面临种族灭绝。2013年的安徽省安庆市的居民，在市场上发现刀鱼行情是"有价无货"。其实过了镇江、南京之后，"骨鲠之臣"们基本就被网罗一空了。如果我们翻开地图查看安庆与南京的距离，可能会禁不住哈哈大笑。

"羌笛何须怨杨柳，春风不度玉门关"……

早先春风不度玉门关的时候，毕竟还绿了江南岸，现在连江南都看见沙尘暴了，你说它究竟算不算春风呢？事情变化实在很大。当刀鱼面临灭绝的时候，《调鼎集》里的刀鱼圆、炸刀鱼、炙刀鱼、刀鱼汤、刀鱼豆腐等等，也都该放进书橱了。

早春时节的《扬州画舫录》里说"瓜洲深港出鲚刀鱼"，还说"鲚鱼糊涂"这道菜味美。那是同时代的戏曲家李斗，在离袁枚一百公里处所见。如今这一百公里虽然不算远，但对于刀鱼，就是一段生死场。

当年扬州画舫里仙乐飘飘，歌伎们的胭脂粉儿或许还能打扮刀鱼，而今，长江里的瓶儿、罐儿、网儿，刀鱼们只好吃不了兜着走。以它们小小的身躯，承载不了这个时代的巨大变化——长江都承载不了啊……

也许它们会将自己祖先的梦想继承下来吧？那是很多年前一个早春的晚上，月色皎洁。袁枚、李渔、李斗们，在类似秦淮河、瘦西湖那样的水面上，划船饮酒赋诗。刀鱼们的身影在宁静的水里穿梭，小虾、小虫不时失踪一只。大自然正在按照冥冥中的某些规律，悄悄地生长，悄悄地死亡。月亮都看见了，但它安详而沉默，它认为这一切都是好的，就像上帝创造世界的时候说：这是好的。

有一条年轻的刀鱼，正在接近另一条年轻的刀鱼，我不知道它们的性别。因为不到怀孕的时候，谁也无法判断刀鱼的性别。它们在水里的曼妙翻腾，不时将月光反射出水面，唰地掠过诗人的眼睛和画舫的船舷。在刀鱼，这是一场异性之间的追逐；在诗人，这是一场文字之间的游戏；在我，这是一场关于刀鱼和古代名士的梦。我觉得在这样的梦境里，有一种现时代需要的安宁——需要刀鱼，约等于需要安宁。本质上说，我们不是缺少刀鱼，而是缺少安宁。有大量的安宁，就一定会有大量的刀鱼。

当年，苏轼先生在桃花初绽的时候，来到长江岸边，正遇渔家干活——"恣看收网出银刀"，表达了他的喜悦。那是针对刀鱼在阳光下的另一种闪烁。比起在月亮下的追逐，比起在画舫边的嬉戏，它们因成熟而更丰腴，更美丽。一如后人把它们比作张曼玉：妩媚中有坚定，可远观不可亵玩。所以它们在网中热闹了一会儿，纷纷香消玉殒。苏轼先生没有感慨，他心中所想的，可能还是——清蒸。但这并不影响那个时代的春天，以及后一批赶到的刀鱼群。所谓长江后浪推前浪，浪里就有刀鱼的欢腾。那是生命的律动，唯有此，才能"不废长江万古流"。

后来，长江岸边的老字号小面馆大厨揭开锅盖，向人们出示钉在锅盖板上的刀鱼刺，是那么细密、整齐。鱼肉呢？都掉进锅里的面条上了。有人回忆说这是在民国时代的上海，也有人说沿江多有类似的面馆和做法。而老食客们排着队，逐个逐个地获取一碗"刀鱼汤面"。速度不快，这是一场关于美食的等待。那时候啊，"刀鱼汤面"能够满足老百姓的需求，虽然比其他汤面要贵一些，但口袋里的铜板，总还能自信地"叮当"两声。

这样的人间烟火，在旺盛的食欲支持下，延续过很久很久……直到每市斤刀鱼价格涨到400~8000元。它不再像是人间烟火了，要么它成仙了，要么某些人得道了？

总之，我们的食欲支持刀鱼，而刀鱼的价格却背叛了我们的食欲。

"扬子江头雪作涛，纤鳞泼泼形如刀"。这一刀就将时代分割得清清楚楚明明白白——古代与当代。中间似乎没有明显的过渡。事情很突然，突然得就像那座拦江大坝，湮没了多少人的历史记忆。可笑的是，还有好心的老中医们在惦念着刀鱼的"性味"，告诫相关病人：湿热内盛者不宜吃，患有疥疮瘙痒者忌食；而体弱气虚、营养不良者以及儿童，可以常吃。问题是：吃不吃刀鱼，完全不取决于有没有病，而是有没有钱……

唉，这一说，就俗了。也罢，也罢。

# 鲥 鱼

> 鲥鱼用蜜酒蒸食，如治刀鱼之法便佳。或竟用油煎，加清酱、酒酿亦佳。万不可切成碎块，加鸡汤煮；或去其背，专取肚皮，则真味全失矣。（《随园食单》之"江鲜单"）

历史故事说，刘秀的老同学严光爱美酒加鲥鱼，并以此委婉拒绝刘秀准备给他的官职——这个借口无疑将鲥鱼身价抬到空前的高度，以致在历史上影响深远。且看广东佛山市顺德区勒流镇市场资料，鲥鱼每市斤零售价的变迁轨迹——

1968 年，0.3~0.4 元。

1972 年，1~1.2 元。

1990 年，10~13 元。

2000 年，收购价 200~220 元，酒家售给食客价 260~280 元。

到了 2008 年 3 曰 1 日，网络上出现一则新闻大标题：《男子出售已消失 10 年的长江鲥鱼 6 条 3 万元》。

我的结论是：做鱼不要做鲥鱼，做人不要做名人。不是说我的人生态度不积极，而是安全永远第一。被这个社会过分关注，弄不好会像鲥鱼一样濒临绝后。按说这篇文章至此就该结束了，否则涉及对鲥鱼的宣扬和伤害，但考虑到：虽然我赞美鲥鱼会让你流口水，但你一是买不到鲥鱼；二是买不起鲥鱼。所以，继续聊……

芽姜紫醋炙银鱼，雪碗擎来二尺余。

尚有桃花春气在，此中风味胜莼鲈。

——时光流淌到北宋苏东坡手中，鲥鱼们还在鲜活地游弋着，逮出水面时依然银光闪闪的，号称"银鱼"，但不算稀罕。诗中"莼鲈"是代指思乡之情呢，还是直指莼菜、鲈鱼呢？若是前者，那意思就是盘子里有了鲥鱼，就可以"不辞长作岭南人"了；若是后者，那就直接告诉了我们，即便莼菜、鲈鱼这样的美味，也比不上鲥鱼。更甚者有郑板桥——

江南鲜笋趁鲥鱼，烂煮春风三月初。

分付厨人休斫尽，清光留此照摊书。

——他似乎正和厨师商量吃法。时间是农历三月初，春风还在江南岸款款漫步，引得郑板桥胃口大开，又舍不得将鲥鱼一次吃光，其中爱恋之深之切，不亚于《泰坦尼克号》中的男女主角。这种文艺手法对鲥鱼的伤害，至少自汉代以来就很多。唉……这些大文人都在干什么啊？你悄悄把鲥鱼吃掉也就罢了，做什么广告呢？

历史上无数诗词都涉及广告软文，比如"牧童遥指杏花村"的美酒问题，一直为后人所争执，到处都有人说杏花村就在他们那疙瘩，目的要么是卖酒，要么就是卖旅游。连西门庆这个虚构的明朝大流氓的籍贯，至少就有安徽和山东两地方在抢。好在鲥鱼是相对确定的，要争，也只能争说我家那疙瘩捕的鲥鱼肉最细嫩，广东、江苏、安徽、浙江等地，各有自己一说。这个我们且不管它，重要的是，野生鲥鱼现在已被列入《中国濒危动物红皮书》，它的美名将难以用实物来体现了。

要想按照袁枚那样"用蜜酒蒸食"鲥鱼，你必须非富即贵，这个要求相当高。袁枚还说"如治刀鱼之法便佳"，可现在刀鱼也是稀罕物，他这一解释，让我们更摸不着头脑，绝大多数民众连刀鱼的影子也没见过，请问什么叫"如治刀鱼之法"？至于"或竟用油煎，加清酱、酒酿亦佳"，我们倒是好像能做到，可油有了、酱有了、酒酿也有了，而鲥鱼没了……总之，袁枚对鲥鱼的种种做法，已经是一种炫耀，有"土豪金"的"恶俗感"。

鲥鱼这东西原先常见于夏天，那是它们从海洋溯河作生殖洄游的季节，自长江口或珠江口进入内陆江河，最远可达洞庭湖、宜昌还有广西的桂平。这家伙有点像古代的盔甲武士，鱼鳞坚硬而锋利，既是盾也是矛。特别是它肚子下面的刀形鳍，可以直接将敌人划伤，有"混江龙"之绰号。可见这家伙在水里是不太好伺候的。如果它的肉味不是那么美名扬天下，再混个千万年也不成问题，坏就坏在它极少数天敌中，有一种连鲨鱼、鲸鱼都有办法捉到盘子里，那就是——人。

当鲥鱼的鳞能把敌人划伤的时候，袁枚却在《随园食单》里悠闲自得地继续谈制作鲥鱼的注意事项："万不可切成碎块，加鸡汤煮；或去其背，专取肚皮，则真味全失矣。"这对于鲥鱼而言，是很丢脸的。好比李逵被一群秀才捆在案板上挠胳肢窝，对他的胡子、下巴评头论足，英雄好汉的严肃性完全丧失。据说黄巢有《自题像》一首——

记得当年草上飞，铁衣著尽著僧衣。

天津桥上无人识，独倚栏干看落晖。

——英雄末路，无尽悲凉也就罢了，但不能受辱啊！这一点，水中豪杰"混江龙"鲥鱼永远得不到了……另一批陆路豪杰跨上骏马，扬鞭喝"驾"，只听一溜蹄声伴灰尘飞扬，瞬时消遁在十里扬州的浓荫尽头。那是康熙年间的景象。干吗呢？执行"飞递时鲜，以供上御"的圣旨。"时鲜"中便有鲥鱼。在御膳房里，它们的尊贵不亚于康熙本人。

其实明朝万历年间，鲥鱼就已经是贡品了。虽然北方的河流里没有它们的影子，但马背上却按时闪现它们威武的身姿。你看，我们现在经常说"快递"，日本人叫"宅急便"啥的，说不定又是我们老祖先的发明呢！并且至少可以上溯到大唐王朝为杨贵妃传送荔枝的马匹……

鲥鱼不那么含蓄、委婉，而是横冲直撞的斗士，有侵略性。可一旦撞进渔网，它也乖乖受擒，一副愿赌服输的样子。离开水面，很快就死了。总之，它是那种比较干脆的性格。在人类中，它大概属于O型血的。并且我们还得感谢老天爷，他在鲥鱼这件完美的作品中，蕴藏了不少药品，比如鲥鱼油脂，蒸出来装进瓶子里埋到土中，若遇烫伤，取出来涂抹一下，非常有效。这是李时珍在《本草纲目》中记载的。

《随息居饮食谱》又说它能开胃，润脏，补虚。有些情况现代科学可以解释，另一些现代科学没资格解释，但古人热爱鲥鱼总是不错的。

明朝一位叫王叔承的先辈曾游镇江，特别记载了当时的鲥鱼价格：一斤大约18枚铜钱。便宜且不说，在那时，可以从渔船上直接购买、直接下厨，完全新鲜的鲥鱼，根本来不及死就被撂进锅里。古人的口福真值得羡慕。惭愧，我这话，鲥鱼不待见。王安石倒是说得漂亮——"鲥鱼出网蔽江渚，荻笋肥甘胜牛乳"。他没有提及锅这种可怕的器具，而是直接说出味道"胜牛乳"，鲥鱼们听起来似乎好受一些。相较而言，王安石的文朋诗友梅尧臣咏《时（鲥）鱼》，就显得不那么馋涎欲滴——

四月时鱼卓浪花，渔舟出没浪为家。

甘肥不入罟师口，一把铜钱趁桨牙。

——诗中关注的其实不是鲥鱼，而是穷苦渔民。这些人捕捉鲥鱼，却很少吃，而是为了赚点钱养家糊口。不过，他们也未必需要同情，整天和各种鱼打交道，吃得太多，可能无所谓什么鱼更好吃了。好比我们置身万花丛中，也就无所谓哪一朵更漂亮了。

作为长江三鲜，鲥鱼和刀鱼、河豚齐名；作为中国历史上的四大名鱼，鲥鱼和黄河鲤鱼、太湖银鱼、松江鲈鱼并称。与多数鱼不一样的是，鲥鱼鳞很宝贵，味道鲜美无比。小时候我也爱看《故事会》，约略记得一个传说：有人家娶媳妇，婆婆为试验儿媳手艺，便给她一条鲥鱼。那位新媳妇二话没说，拿起刀就刮鱼鳞。婆婆气坏了，但保持沉默。待到鱼整治好即将下锅的时候，婆婆又见儿媳把鳞片一个个地放到鱼身上了，简直多此一举！婆婆心想。可鱼蒸熟后，因为鳞片下的油脂渗入肉中，比一般做法更鲜美。据说后来这种清蒸方法大为流传。

一条鲥鱼建立了媳妇在婆婆心目中的温良贤惠形象，一个字：值。但香港著名吃货蔡澜先生的哀叹，令人心酸："正宗的长江鲥鱼早在20世纪就已经被我们吃绝，我们现在能吃到的鲥鱼，大多是美国品种……作为商业秘密，当代鲥鱼都是人工养出来的。"所以，媳妇们不再有机会向婆婆一展身手了，因为长江野生鲥鱼不仅以修长的扁身子与其他种类的鲥鱼区别开，它的油脂也更多。

我也不想把小事情有意拔高，问题是有些小事就像龙卷风的中心一样安静，但它却是"龙卷风"的中心！如同南美洲的一只蝴蝶振动一下翅膀，太平洋上就掀起了一场台风。江苏省江阴市渔政管理站站长对一家媒体记者说："1987年后我再也没见到过鲥鱼。"如今，几十年过去了，一直没有好消息传来。除了用人工饲养的鲥鱼以及外国种类的鲥鱼充数，我们再也难尝到袁枚所说的鲥鱼啦！

九曲池头三月三，柳毵毵。香尘扑马喷金衔，涴春衫。苦笋鲥鱼乡味美，梦江南，阊门烟水晚风恬，落归帆。

——一首北宋词人贺铸的《梦江南》，真的成了梦。多少物种正随着鲥鱼，向我们挥别……怎么嘴巴的力量就那么大呢？地球都禁不住我们吃呢？以当今为时间起点看，很多物种可能都不是在进化，而是在退化，甚至灭亡。陆地的江河尽在人类的网罗中，连太平洋这样的大水面，照样挨不住我们人类的霸权。1951年，美国自然文学作家、环境保护运动的先驱蕾切尔·卡森女士在《海洋传》

中说："海洋是生命的源头，创造了生物，如今却受到其中一种生物的活动所威胁，这种情形是多么怪异啊……而真正受害的，其实是生物本身。"此书与她后来更加震惊世界的那本《寂静的春天》，一起推动了环保事业的发展。60多年来，怎么说呢？我只能说自己对未来持有悲观态度。

这时，曹寅先生笑了。想当年，就是他老人家督运鲥鱼进京的。所谓近水楼台先得月，他体会最深刻。作为季节性很强的菜，鲥鱼不是时时都能吃到的，但曹家却一年四季都能吃到——喝稀饭的时候，碟子里就有腌制的鲥鱼做小菜。他家甚至不在乎鲥鱼的鳞片，将它刮去后，做成"醒酒汤"。这，实在太奢侈了吧？曹寅的孙子曹雪芹贫困潦倒，他在写《红楼梦》的时候，或许吟诵过祖父的《鲥鱼》诗——

> 手揽千丝一笑空，夜潮曾识上鱼风。
> 浟浟江雨熟梅子，黯黯春山啼郭公。
> 三月斋盐无次第，五湖虾菜例雷同。
> 寻常家食随时节，多半含桃注颊红。

——这是一首很得意的诗。是曹寅不再担任贡使后十年写的。当初他受到皇帝青睐，门楣显赫，多吃些鲥鱼完全不在话下。可是造化弄人，君子之泽五世而斩。曹雪芹郁闷了，他为写书而喝稀饭的时候，菜碟子里不可能出现腌鲥鱼的，仅凭这一点，就有红楼的破灭感。这位伟大的先人，心中的块垒可谓大矣！但还不敢明说什么。至今，人们都不能确定大观园究竟是在南京还是在北京。连小说的时代背景，都是不确定的。那些翩翩少年和红粉佳人，是在没有鲥鱼佐餐的情形下诞生的。

可见，鲥鱼偶尔也不是那么重要。所谓愤怒出诗人，在曹雪芹身上体现得很好。如果曹雪芹天天能吃到鲥鱼，或许他就成了贾宝玉，也未敢定。"6条3万元"，明朝上层妇女还有用鲥鱼鳞贴脸上的麻子、雀斑的，我能用鲥鱼鳞去把自己的脸蛋贴成个所谓的"面子"吗？

时代变迁都不算什么，问题主要在于价格变迁。当张爱玲埋怨鲥鱼多刺的时候，她还是民国的那个临水照花人——水中，香艳的面容下，"噌"地闪过一条鲥鱼的鲜美背影。现在看来，有点令人兴奋，可那时不过就是遇见一条多刺的鲥鱼而已。张爱玲的埋怨，搁到现在，却就有点令人羡慕了。

# 鲟 鱼

尹文端公，自夸治鲟鳇最佳。然煨之太熟，颇嫌重浊。惟在苏州唐氏，吃炒鳇鱼片甚佳。其法切片油炮，加酒、秋油滚三十次，下水再滚起锅，加作料，重用瓜、姜、葱花。又一法，将鱼白水煮十滚，去大骨，肉切小方块；取明骨切小方块，鸡汤去沫，先煨明骨八分熟；下酒、秋油，再下鱼肉，煨二分烂起锅，加葱、椒、韭，重用姜汁一大杯。（《随园食单》之"江鲜单"）

我们远古的帝王，穿着青色衣服，长袖飘飘，神情如天人，安宁、肃穆，和群臣简要地商谈马上要举行的祭祀活动安排，率领群臣登上大船，准备捕鱼。

那是三千年前的水和风。王将渔具抛向水里，心中想的不是鱼，而是天地。他的目的不是杀戮，而是为芸芸众生祈福。一条巨大的鲟鱼，进入我们虔诚的视野……它将成为宗庙里的上达天地鬼神的贡品。

这条鲟鱼是民众的福音。虽然它的外形和气质还停留在恐龙时代，但是，它比我们现代的一切化学和物理工具更美，那是大自然给人类的馈赠。它似乎死了，但它会和我们人类一样，在另一个时空重生。它会忘记自己曾是一条鲟鱼，那时它可能是一朵花，或一个人，甚至，会被留在天堂里做一只无忧无虑的凤凰。

> 河水洋洋，北流活活。
>
> 施罛濊濊，鳣鲔发发。
>
> 葭菼揭揭，庶姜孽孽，庶士有朅。

　　——这段来自《诗经·卫风·硕人》的句子，已经距离先王率群臣捕鱼祭祀很久了。它是赞美一位很优秀的女人，名字叫庄姜，是卫庄公的夫人。它所描绘的那水、那鱼，依然保持了先王时代的生机和画意：浩荡的河水，哗哗地向北方流去。（请注意，卫国所在的时代，黄河入海口还在渤海湾那边呢！因此在卫国境内，它的流向偏北。）撒网的声音迎来鲤鱼、鲟鱼泼泼的蹦跳。稠密的芦苇像士兵一样挺拔帅气，而陪伴庄姜的侍女们服饰鲜艳、男侍们高大英武……古老的鲟鱼又出现啦，就是诗中的"鲔"。它在历史上与帝王贵族如影随形。究竟是鱼因人贵呢，还是人因鱼贵呢？可能二者兼而有之。且看同时代的周国，在《诗经》里也有文字——

> 猗与漆沮，潜有多鱼。
>
> 有鳣有鲔，鲦鲿鰋鲤。
>
> 以享以祀，以介景福。

　　这首题为《潜》的诗，是用于祭祀时唱颂的。里面包含更多鱼类，鲟鱼名列第二。它的意义实在显赫，难怪周国人将它尊称为"王鲔鱼"。后代还有尊称"秦皇鱼""鲟龙鱼"等等，并且它的软骨和骨髓更有俗名曰"龙筋"。难道鲟鱼沾了恐龙的光吗？两亿多年前，它们的祖先亲眼见过恐龙家族来河边饮水、洗漱，甚至彼此打招呼呢！它们身上的龙气难道没有恐龙的味道吗？请百度一下各种鲟鱼的尊容，即便一条小鲟鱼，按我们今天的眼光看，也像恐龙一样怪怪的呢！而那种超过半吨重的大鲟鱼，身上龙味更足！

古人说，相由心生。所以，我个人认为鲟鱼有一颗龙之心。传说我们的先祖以蛇为模本创造了龙的形象，这是对鲟鱼的不敬。因为中华民族的龙与欧洲人理解的龙不是一个概念，我们心中的龙大多是有神性的，而非欧洲喷火伤人的魔性龙，我们心中的龙可以在旱季普降甘霖。而蛇给人的感觉哪里有善意呢？避之唯恐不及，怎么会把它上升为龙的形象呢？在此，鲟鱼显然比蛇更有龙的感觉，难道它不比蛇更能担当龙的模本？

那时，中华民族文化的主体在北方，南方还属于不怎么开化的蛮夷之地，所以上面关于鲟鱼的文字，都不涉及后来袁枚所吃的长江鲟鱼。而且，我们老祖先谈鲟鱼，大多落在祭祀天地鬼神工作上，吃它还不是重点。如今，鲟鱼虽不像王谢堂前燕，但餐馆里还是比较常见的，只不过那可能都是杂交品种，不是我们先王那会儿看到的纯净鲟鱼了。

袁枚那个时代，吃到的还是纯种鲟鱼，并且很可能是大名鼎鼎的中华鲟。《随园食单》流露的信息表明，袁枚不知道吃过多少鲟鱼了——"尹文端公，自夸治鲟鳇最佳。然煨之太熟，颇嫌重浊。"这是袁枚在对比之后很不客气的评价。"惟在苏州唐氏，吃炒鳇鱼片甚佳。其法切片油炮，加酒、秋油滚三十次，下水再滚起锅，加作料，重用瓜、姜、葱花。"袁枚本是杭州人，但口味却与"苏州唐氏"接近，并以此否定尹文端先生的手艺，可见这两人关系相当铁。尹先生或许是个思想单纯的人，一个"煨"字显示他制作鲟鱼的苍白手法，比起苏州唐氏的厨房想象力，那差得远了。所以，论厨师，需要从想象力方面进行考量。家常菜，本质就是普通想象力，说得不客气，那就是乡土想象力；高级饭店里的菜，往往都是现代或后现代想象力。前者是养人的，后者是取悦于人的，意义差别甚大。拿鲟鱼来煨着吃，那就是一道家常菜，填饱肚子而已，乏善可陈，对袁枚来说，近乎暴殄天物，所以他的不满意情有可原。

接着袁枚说："又一法，将鱼白水煮十滚，去大骨，肉切小方块。取明骨切小方块；鸡汤去沫，先煨明骨八分熟，下酒、秋油，再下鱼肉，煨二分烂起锅，加葱、椒、韭，重用姜汁一大杯。"这里也有"煨"，但之前有层层递进的前奏，尤其"明骨"（脆骨、软骨）与鱼肉，是先后下煨罐的，时间上的讲究，完全不是一个饿着肚子的人能忍受的，对饿着肚子的人来说，那简直是请张飞绣花。

素有"水中熊猫""活化石"之称的鲟鱼，如今身价没有了，至少在法律意义上，它是无价的。前几年，芜湖那段长江里，有位叫朱老汉的渔民，偶然捕获一条中华鲟。这是他打鱼半个世纪，第二次捕获。第一次还是在几十年前，捕的中华鲟重四百斤，虽然一斤不过几毛钱，但没人买得起，他只好带回家自己吃。第二次捕获的重一千多斤，他赶紧向渔政部门报告，然后在有见证的前提下，放生，这才算让中华鲟躲过一劫。


江南仲秋天，鳠鼻大如船。

雷是樟亭浪，苔为畍石钱。

——唐代诗人沈仲昌所说的"鳣",便是鲟鱼。"鳣鼻大如船"将此鱼体形之大及特别的外貌大致勾勒出来。但最好玩的还是它的嘴巴,长在靠近肚子的地方。大自然的安排真是很难猜测,按照一般想法,那么长的鼻子伸在前面,已经很影响吃饭了,更何况嘴巴的位置又是如此偏僻呢?这条带着远古气息的鱼,身上积累了多少神奇?《说文解字》在谈到"鳣"时,特别提及:伯牙鼓琴,鳣鱼出听。这是在子期之外的另一位伟大知音吧?既然它能听懂伯牙的琴声,可见其不俗。《史记》中的"屈原贾生列传"有一句"横江湖之鳣鲟兮,固将制于蚁蝼"。这意思与"虎落平阳被犬欺"差不多,是贾谊借屈原的遭遇,哀叹自己人生失落的婉转笔法。其中可见鲟鱼在古人心目中更有遗世独立的高洁形象,要么它怎会听懂伯牙的琴音呢?这是一条很有文化的鱼!大才子左思在《蜀都赋》中对它也念念不忘——

吹洞箫,发棹讴。
感鳣鱼,动阳侯。

这两句是描绘巴蜀大地之水的,而作为水中精灵,鲟鱼亦带着情感在游泳。与《乐府诗集》里的一句"玄鹤降浮云,鳣鱼跃中河"不同的是,左思意在歌颂美,而后者是批判丑陋现实的。显然,鲟鱼在我们的古典文化中,是个闪亮的符号,具有强烈的衬托、比喻等意义。自然美景中有它,更显生动与高贵;醉生梦死中有它,反映了社会的奢华与堕落。它的影响在古文中比在餐桌上更深远、更庞大。这个古老的与恐龙有关系的物种,如果按照进化论,两亿多年来应该变化显著才是,但化石没有提供令达尔文满意的证据。

鲟鱼之贵，在于其"龙筋"：含抗癌因子；在于其脂肪：含12.5%的"DHA"和"EPA"，亦称"脑黄金"，据说可以"软化心脑血管，促进大脑发育，提高智商，预防老年性痴呆"。这都是仿佛很有科学道理的广告词。有关中医、饮食的古代典籍也很推崇鲟鱼，《本草拾遗》说它"益气补虚，令人肥健"；《随息居饮食谱》说它"补胃，活血通淋"。总之，当我们面对一条鲟鱼的时候，至少有两种身份会出现：一、食客；二、病人。如果还有第三种身份的话，那就可能是"土豪"——鲟鱼皮可以与鳄鱼皮媲美，以其制造的包，高档、名贵。

不如去松花江，看看清朝皇帝如何模仿我们的先王捕鱼，分三节评析如下——


松花江水深千尺，捩舵移舟网亲掷。

溜洄水急浪花翻，一手提网任所适。

须臾收起激颓波，两岸奔趋人络绎。


——皇上驾到，万人空巷。看热闹到这个份上，才算到顶吧？虽然接近不了皇上，但远远地瞅着渔网从他那能够扭转乾坤的手里抛出去，也是很过瘾的。渔夫们或许到老都会在孙子面前念叨：我老人家和皇上，是同行啊！


小鱼沉网大鱼跃，紫鬣银鳞万千百。

更有巨尾压船头，载以牛车轮欲折。

水寒冰结味益佳，远笑江南夸鲂鲫。

——纪晓岚在《阅微草堂笔记》里所录的这首诗，作者正是康熙本人。他的祖先是女真人，大宋王朝的时候，北方的金国，对中原、对江南虎视眈眈。女真的先人也视鲟鱼为高贵，为吉祥，常常以此赏赐大臣，以示皇恩浩荡。有一天在松花江上，康熙竟然捕捉一条"巨尾"，虽然没说是什么鱼，但能够"压船头"，那就非鲟鱼莫属了；"载以牛车轮欲折"更说明它的重量。

> 遍令颁赐扈从臣，幕下燃薪递烹炙。
>
> 天下才俊散四方，网罗咸使登岩廊。
>
> 尔等触物思比托，捕鱼勿谓情之常。

——最后，康熙赏赐群臣，大吃大喝一顿，还告诫他们要像捕大鲟鱼一样，网罗天下才俊。那是大清鼎盛时期，鲟鱼普遍跳跃于大江南北，生动非凡。

虽然这首诗像个"打酱油"的人随口胡诌，但显示的帝王气象还是有一点。历代帝王中胸怀阔大如康熙者，不多见；如康熙一般好学者，更罕有。他能用汉语作诗到这个水平，已经很可喜了。鲟鱼在其中再次作为文化符号出现，并且与《诗经》所在的时代绵绵相连。

早在南宋，就有一位叫周去非的先生在《领外代答》中记载——

"深广及溪峒人，不问鸟兽蛇虫，无不食之。其间野味，有好有丑。山有鳖名蚝，竹有鼠名猷。鸰鹤之足，猎而煮之；鲟鱼之唇，活而脔之，谓之鱼魂，此其珍也。至与遇蛇必捕，不问长短，遇鼠必捉，不问大小……"

除了鲟鱼，这位周先生还说到"蝙蝠""蛤蚧""蝗虫"等等，都是广东人大无畏的饮食精神所能够包容的。有了一众吃货的需求，鲟鱼一方面要面临刀俎，一方面也获得了生机，人工养殖鲟鱼，这些年的发展还是不错的。包括我国的台湾地区，致力于延续鲟鱼这个物种的人越来越多。

# 黄　鱼

　　黄鱼切小块，酱酒郁一个时辰，沥干。入锅爆炒两面黄，加金华豆豉一茶杯，甜酒一碗，秋油一小杯，同滚。候卤干色红，加糖、加瓜姜收起，有沉浸浓郁之妙。又一法，将黄鱼拆碎，入鸡汤作羹，微用甜酱水、纤粉收起之，亦佳。大抵黄鱼亦系浓厚之物，不可以清治之也。（《随园食单》之"江鲜单"）

　　附：假蟹：煮黄鱼二条，取肉去骨，加生盐蛋四个，调碎，不拌入鱼肉；起油锅炮，下鸡汤滚，将盐蛋搅匀，加香蕈、葱、姜汁、酒。吃时酌用醋。（《随园食单》之"江鲜单"）

　　《随园食单》中有黄鱼的两处记载、三种吃法，可见袁枚对它情有独钟。但老先生没有细说，究竟是大黄鱼还是小黄鱼呢？这是两个不同的物种，只是外表相似，味道亦有差别。好在我不是写论文，就将其统称为"黄鱼"吧。但袁枚将其列入"江鲜单"，可能是个误会，黄鱼是大海的原住民，至多活动到江河入海口。袁枚作为杭州人，也许小时候常吃钱塘江入海口杭州湾里的黄鱼，此后就深刻记住了，否则，以他的读书范围，不会弄错。

　　两个多世纪后的一九九三年，《家庭》杂志刊发汪曾祺先生一组谈吃的文章，其中提道："宁波人爱吃黄鱼鲞（黄鱼干）烧肉，广东人爱吃咸鱼烧肉，这都是外地人所不能理解的口味，其实这种搭配是很有道理的。近几年因为违法乱捕，黄鱼产量锐减，连新鲜黄鱼都很难吃到，更不用说黄鱼鲞了。"

又过了十几年，事情发展得越来越令吃货们不爽。如今野生大黄鱼身价每斤上千元，这还不算太高。2008 年 4 月在温州，一条重 3.75 公斤的野生大黄鱼，被当地一位商人以 1.4 万元买走，即每斤 1866 元。大约民国时代开始，"黄鱼"一词在民间也是黄金的绰号，不过当时并非因为它贵，而是它出水后从白色变为黄灿灿，令人印象深刻；现在，它的价格正在向真正的黄金默默挺进。

也许，黄鱼出水后的颜色变化，暗示了它从古代到现代的身价递进，这是一种宿命。不是黄鱼的宿命，而是人的宿命。明朝天启年间的《舟山志》记有捕捉黄鱼的盛况："……至四月、五月，海郡民发巨艘，往海山竞取。有潮汛往来，谓之洋山鱼。"清朝诗人刘梦兰在《衢港渔火》中赞叹——

无数渔船一港收，渔灯点点漾中流。

九天星斗三更落，照遍珊瑚海中洲。

——那显然是一个个激动人心的晚上，空气中充溢黄鱼的鲜味。人们在船舱的灯火下见到的灿灿黄鱼，倒不是最珍贵的，最珍贵的是收获后充盈于心的那种满足感。并且，那是一种可以预期的收获，只要出手，必能兑现。这与今天人们偶获一条野生黄鱼所产生的激动心情，完全不是一回事——一个因为多而激动，一个因为少而激动。

今年夏天，我在单位附近一家小饭馆，首次品尝宁波风味"雪菜黄鱼"。三个月过去了,依然记得它肥美的滋味。当然,它绝不会是野生黄鱼,86 元的价格显示,在人工养殖的黄鱼群体中,它也因为不够大,而属于大路货。但即便这样的一条黄鱼,依然是滋味醇厚的。对于升斗小民这个庞大的群体而言,它能填补味觉的空白,好让小民们说:我也吃过真正的黄鱼。

袁枚当年的做法,与"雪菜黄鱼"差别甚大——"黄鱼切小块,酱酒郁一个时辰,沥干。"这似乎把黄鱼当成猪肉在收拾了。"入锅爆炒两面黄,加金华豆豉一茶杯,甜酒一碗,秋油一小杯,同滚。"这又近乎红烧。"候卤干色红,加糖、加瓜姜收起,有沉浸浓郁之妙。"这又近乎糖醋。诸多步骤综合出的味道究竟如何?不得而知,但我不认为会比雪菜黄鱼更好,理由是:用料太多太杂,或许会干扰黄鱼的本味。而雪菜黄鱼就相对单纯,鲜味主要来自鱼和菜,而不依靠其他。袁枚的另一个做法,也是"将黄鱼拆碎",然后"入鸡汤作羹,微用甜酱水、纤粉收起之",我认为鸡汤的鲜味与黄鱼混合后,彼此有遮蔽感,究竟是在吃鱼呢?还是在吃鸡呢?此法为我所不取。当然,袁枚也有他的理论:"大抵黄鱼亦系浓厚之物,不可以清治之也。"这意思就是说,一定要多用料。也许代表了一部分人的口味吧?

黄鱼的身份在鱼类中,相对复杂。沿海有些地区的人们过端午节,喜欢拿黄鱼讨吉利:作为时令菜,黄鱼不但要出现在节日的菜谱中,还是"三黄"之首,后面是黄鳝与黄酒。那时可能是黄鱼生命中最好的时期,因为民间有很过激的赞词:"栋子开花石首来,筒中絮被舞三台。"意思是,即便把冬天的棉被当掉,也要吃一次黄鱼。急切之情溢于言表。其中"石首"两个字值得关注,这是黄鱼的一个古老称呼,源自它的"鱼脑石",其实是鱼的耳石,有保持平衡的功能。据说这个名字可能是吴王阖闾给起的。《地记》中载有一个2500多年前的传说——

"东夷侵吴，吴王亲征之，逐之入海，据沙洲上，相守月余，时风涛，粮不得渡，王焚香祷之，忽见海上金色逼海而来，绕王所百匝，所司捞得鱼，食之美。三军踊跃，夷人不得一鱼，遂降吴王……鱼作金色，不知其名，见脑中有骨如白石，号为石首鱼。"

这就是说黄鱼为了吴王胜利，而主动献身。类似这样的传说很泛滥，一点儿新意都没有。但古人偏爱传这个，无非为了宣扬统治者的神圣和威严，并赋予其统治权威某种神秘色彩。人们真正好奇的不是这个传说，而是它头颅中那个"石子如荞麦粒，莹白如玉"，《岭表录异》中说，那时就有些人将黄鱼"储于竹器，任其坏烂，即淘之，取其鱼顶石，以植酒筹"。看来此物确实因为有艺术气质而很可爱，至少能用于做个骰子，在喝酒时赌一把玩耍。

> 琐碎金鳞软玉膏，冰缸满载入关舫。
>
> 女儿未受郎君聘，错伴春筵媚老饕。

此诗来自清朝一位雅致的吃货，名叫王莳蕙。他有把黄鱼比作妙龄女郎的意思——弗洛伊德，你怎么看？且不管他。这里面深切的喜悦之情，让我们感觉黄鱼在刺激味蕾的同时，还增进了激素的分泌速度。这个可能有些道理，古籍中说吃黄鱼能通利五脏，健身美容，特别是鱼鳔所制的胶，在《齐民要术》中与燕窝、鱼翅齐名。按照今天的技术分析，它是理想的高蛋白低脂肪食品。过去有些生活经验丰富的老人，会留起陈年"花胶"，给家中女人怀孕前后或外科手术者食用，以滋补身体、养颜美容，达到延年益寿的功效。不过这东西不适合血黏度高以及高血脂的人。

大、小黄鱼的汛期不同，前者在端午节前后，后者在清明至谷雨期间。从古至今，名字叫法也繁多。大黄鱼有：大鲜（先）、金龙、黄瓜鱼、红瓜、黄金龙、桂花黄鱼、大王鱼；小黄鱼有：小鲜（先）、梅子、梅鱼、小王鱼、小春鱼、小黄瓜鱼、厚鳞仔、花鱼。后世有人以此注解《道德经》中一句名言——治大国若烹小鲜——说"小鲜"就是小黄鱼，显然可疑。因为老子生活在中原一带，最后骑牛出了函谷关，没有证据说他吃过大海里的东西。即便有海鲜抵达中原地区，也不新鲜了，应该是干鱼什么的。而在厨房整治干鱼，是不必像"烹小鲜"那样谨慎的。

黄鱼很好玩的地方在于，它能听"懂"声音。我在《说鲞》中记过一笔：经验丰富的渔民会"拿个棒子在船舷有节奏地敲打，能引来大批黄鱼浮出头"，然后收获多多。但如果天空炸雷，又会吓得它们逃入水深处，无从捕捉。所以，雷电天气如果绵延得久了，会导致黄鱼价格上升。这两种不同的声音，竟然深刻影响黄鱼的命运。

传说古代越国对黄鱼征税，每条黄鱼得上交稻谷"一斛"。一斛合十斗，这个税率有朱德庸的漫画气息，很快导致"百姓怨叛，山贼并出，攻州突郡"，进而导致相关官员仓皇逃跑，最后在流离失所状态中，没收成税，却被收了尸。此事可见，黄鱼自古很受重视。宋明两朝，黄鱼产业最为发达。上文引用《衢港渔火》一诗，便对应着当年在浙江沿海地区形成的黄鱼产业链。如此大规模的黄鱼产业，使周边地区很受益。苏州虽然离海很远，但当地却有杂诗《葑门即事》赞道——

金色黄鱼雪色鲥，贩鲜船到五更时。

腥风吹出桥边市，绿贯红腮柳一枝。

——其中可见，苏州人虽地处内陆，但早就熟悉黄鱼了。辛勤的渔船在长江与东海之间穿梭不息，货物流通之盛况，一如江南的春天。还有一首《忆江南》——

苏州好，夏月食冰鲜。石首带黄荷叶裹，鲥鱼似雪柳条穿。到处接鲜船。

——景象与纪事诗里的差不多。这是站在苏州赞美大海的波涛，胸怀可谓阔达，眼界亦是高远。所以人类思想发展史，应该与商业活动有密切联系吧？它内在的激情和外在的活泼，影响着任何一个它能抵达的地方。至少在民俗文化层面，它的渗透就很深。上海、宁波等地，一直有在春节到来时接财神的传统，各种仪式用品中，便有在锡盘里供上两条黄鱼，象征着金子。

当时的象征，却成了今天的现实。黄鱼太贵啦——我是指野生的。袁枚所在的时代，黄鱼的价格远远地低于现代。他在另一道菜"假蟹"的做法中，很轻松地说"煮黄鱼二条……"。如今是有价无市，一条难求。接着又说"取肉去骨，加生盐蛋四个，调碎，拌入鱼肉"。这分明就是吃够了黄鱼，在想法子折腾。最后说"起油锅炮，下鸡汤滚，将盐蛋搅匀，加香蕈、葱、姜汁、酒，吃时酌用醋"。此时，黄鱼早已没有了自己的味道，所以名叫"假蟹"，看样子是螃蟹的味道？要我说，干吗不直接买螃蟹吃呢？

"吼声雷动惊渔父"，说的是黄鱼汛期到来时的壮美——不是人喊马叫，而是黄鱼在大海里高唱情歌。我们很难想象这种声音了，即便有机会吃一条黄鱼，也只是近乎"替代品"的，因为人工养殖的黄鱼，味道完全比不上那些在大海里唱过情歌的。老吃货告诉我们，野生黄鱼肉质更细腻。我就猜啊，是不是因为野生黄鱼受过情歌的熏陶呢？现在人一般不知道，养殖的黄鱼尾巴圆，而野生黄鱼尾巴长——这是不是进一步说明，野生黄鱼比养殖的，更具有动物性呢？长尾巴无非为了在大海里游得更自由、更顺畅，而人工喂养的黄鱼，是没见过大海的，犹如笼子里的老虎，这辈子除了具备老虎的形状，就没有多少老虎的灵魂了。

所以，灵魂不健全的黄鱼，与灵魂不健全的人一样，还不能说它一定就是黄鱼。

# 班 鱼

班鱼最嫩，剥皮去秽，分肝、肉二种，以鸡汤煨之，下酒三分、水二分、秋油一分；起锅时，加姜汁一大碗、葱数茎，杀去腥气。（《随园食单》之"江鲜单"）

自称"清馋"，一生吃遍天下，处于明朝末年那个交通、信息都不发达的时代的张岱，可谓执着。从他开列在《陶庵梦忆》卷四里的一些地方物产来看，他这辈子除了热衷于吃，没有什么特别的爱好。这样的人值得羡慕，因为他生活单纯，并且有资本单纯。这个资本首先是有钱，其次是有文化。没有后者，就是乱糟糟的"土豪金"了；而没有前者，连"土豪金"都不是啦！

这是我查阅袁枚所说的"班鱼"资料时看到的。在张岱笔下，它的名字是"绷鱼"，现代人又叫其"斑鱼""鲃鱼"。更古老的时候，也叫"鲏鱼"。中国很多地方都有这种鱼在活动，但它的运气显然不如刀鱼、银鱼等，在古代诗词中露脸的机会较少，名气也不那么响亮。当然，对于一种鱼来说，这倒是好事。"人怕出名猪怕壮"之后，应该接一句"鱼怕鲜"。即便袁枚那样爱吃鲃鱼，也还在介绍中特意交代"起锅时，加姜汁一大碗、葱数茎，杀去腥气"。可见这种鱼的味道有些过分，需要下点猛料。

我们祖先不大重视此鱼的根本原因，可能还在于它体形小了，肉也少。它的主要内容是肝脏。一条500克重的鲃鱼，其肝脏大约占100克。再去除其他内脏、骨骼和厚皮，整条鱼就显得不实惠了。而中国老百姓历来讲求实惠，大家在历史上一路走来，饿怕了。连见面第一声招呼都常常是"吃过了吗？"……没有足够的食物，就没有精神自由。心心念念都离不开馒头，诗情画意就进不了脑袋。所以，对自由的向往，首先建立在食物保障上。就这一点来看，今天的国人，也难说获得了真正的自由，因为人们对食物并不是只有数量需求，而是也有质量需求。当我们吃了一条与鲃鱼极其相似的河鲀鱼后，我们就得住进医院里——2010年9月在东莞市便出现过：一家饭店工作人员挑选生鱼，误把河鲀当成鲃鱼送进厨房，导致四个人中毒抢救。如今商场里，类似河鲀鱼的食物并不罕见啊！

截取一段谢灵运的《撰征赋》——

水激濑而骏奔，日映石而知旭。
审兼照之无偏，怨归流之难濯。
美轻鲂之涵泳，观翔鸥之落啄。
在飞沈其顺从，顾微躯而缅邈。

——这是老先生一千六百多年前在徐州写的，有感于历史、风景、人物，谢老先生此赋内容比他的人要自由很多，纵横千年，驰骋万里。他提到的"鲂"，也就是鲃鱼。不过此时的鲃鱼只是一个意象，代表先生内心羡慕的生活状态。如果赋中谈到鲃鱼的滋味，那就大煞风景了。过了一千二百多年后，英国人艾萨克·沃尔顿在其不朽之作《钓客清话》中，也把鱼纳入心灵自由的范畴，加以淡雅的叙述。很多人视此书为"钓鱼圣经"，但根本上他是要钓自由。相对于这两位人士，袁枚通过吃鱼获得的心灵自由度，就小一些。看他说：

班鱼（即鲃鱼）最嫩，剥皮去秽，分肝、肉二种，以鸡汤煨之，下酒三分、水二分、秋油一分……

这是一套烦琐的操作，完全动态化的。至少手、眼、鼻三项器官要同时跟上，是一种细致而略微紧张的劳动。并且，思维局限在灶间。虽然未必是袁枚本人出手，但他的笔在记录这些想法时，脑海里亦只剩下柴米油盐酱醋茶了。这就是一种狭隘的自由，通过逃避得来的。如果不看他的诗词，我们会忘记他作为文人所享受的另一种自由境界，从而误解他。

还有一位著名的清朝文人叫朱彝尊，在吃鲃鱼这一点上，与袁枚相似。他的著作《食宪鸿秘》可与《随园食单》媲美，其中对鲃鱼也是爱慕得很，不过做法与袁枚差别较大——

拣不束腰者（束腰有毒）剥去皮杂，洗净。先将肺同木花入清水浸半日，与鱼同煮。后以菜油盛碗内，放锅中，任其沸涌，方不腥气。临起，或入嫩腐笋边，时菜，再捣鲜姜汁，酒浆和入佳。

——注意，朱彝尊所说的"肺"，这可能是古人对鲃鱼的误会，其实是它的肝脏。如今有盛名的"鲃肺汤"就是此肝做成的。文中"束腰"是什么意思呢？按照我手头资料看，要么是动词，把腰收束；要么是名词，指用于收束腰的东西；还有一种意思是古代建筑语言，指建筑物中的收束部位。对于鮰鱼，为什么"束腰"者有毒？我个人推测如下——

人束腰，大多是成年女性，为了身材美观。朱彝尊是否以"束腰"代指成年鮰鱼？也就是到了生育期的鮰鱼？而"不束腰者"则指未成年的小鮰鱼。在此，他很可能将鮰鱼误以为是河鲀的幼鱼了，这与东莞那家饭店员工很相似。而河鲀正是在生殖期毒性最大。现代人已经考证，鮰鱼只是像河鲀，但并无河鲀之剧毒。它作为一种美食，与河鲀的出现季节也不同。江南有民谚"春天河鲀拼命吃，秋时享福吃斑肝"。可见，如果鮰鱼是河鲀的幼鱼，那么它应该出现在春天，到秋天才长大为河鲀。否则，春天吃成鱼，秋天吃它刚生下来的幼鱼，那么第二年、第三年之后，渐渐会绝种的。

对鮰鱼的警惕，有点杯弓蛇影的意思。而有关对鮰鱼的误会层出不穷，连于右任先生也未能"幸免"。1929年他去苏州，第一次尝到了"斑肝汤"，大为开心，为店家题诗曰——

老桂花开天下香，看花走遍太湖旁。
归舟木渎犹堪记，多谢石家鮰肺汤。

——吴侬软语中的"斑肝汤"，被于老先生听成"鮰肺汤"了，还形诸笔墨，随着他的巨大名声，成了一道被公众接受的"通假菜"。其实那次去苏州，于右任先生是想给自己选百年后的好归宿，但这个愿望最终破灭了。我怀疑他老人家当时的心情可能比较复杂，甚至有点烦乱，以至于随便听了菜名，未加核准便挥笔写诗。而饭店掌柜也在激动中未加审察，即将墨宝收藏，不然"鲃肺汤"之大名今天就不存在啦！

鲃鱼不但好吃，还很可爱。民间根据它表现的形象另有名称为"泡泡鱼"。因为它出水后被人触动，会全身鼓气，状若圆球，两只眼睛圆溜溜的，神采十足。我在合肥市中心一家芜湖人开的小饭店吃过两次，但不叫鲃肺汤。做法是整条小鱼炖出来。汤乳白色，趁热吃喝，鲜美异常。而且季节也不在秋天，可见这种鱼人工养殖技术很成熟了。

网络上对鲃肺汤的介绍，大多指向太湖、苏州、木渎一带，可见历史遗响和现实宣传的双重力量。当代人为了地方经济，对有关历史的东西甚为关注，有时不惜牵强附会乃至造假，以光耀各自"门庭"。但鲃肺汤应该是毋庸置疑的姑苏"原住户"，只是它伸展的范围还不够大，也许并非所有人都喜欢它的味道。我的妻子和女儿就不喜欢。两次在饭店，都是我一个人吃两小碗鲃鱼。以我家"三分之一"的"喜欢率"来看，在这个世界上判断事物好坏、美丑、善恶，得小心一点，没有放之四海而皆准的真理。

在喜欢鲃鱼这一点上，诸多才子与鄙人有共识。香港吃货中最有文化的蔡澜先生到苏州，就"非去百年老店'石家饭店'不可，而到了'石家饭店'，则非试他们的招牌菜'鲃肺汤'不可"——他对各地名吃的执着，完全秉承了张岱遗风。在他之前很多年，唐振常先生作散文《石家鲃肺汤》，记载与师陀去同一老店而扑空的往事——那是一个寒冷的冬天，"哐当哐当"地坐了一夜火车，辛苦异常，全奔着于右任先生那首诗而去，但他们忽视了开篇第一句："老桂花开天下香"。可见，馋虫有时会冲昏才子们的头脑，四季不分。苏州籍的费孝通先生将家乡这道菜名为"肺腑之味"，大约两层含义：鲃鱼肺腑做汤滋润着人的肺腑没齿难忘——此乃肺腑之言也。还有一位资深才子黄裳如是写道：

"整整三十年前，也是这样的秋天，鲃肺汤上市的时候，我陪了叶圣陶、郑西谛、吴辰伯到苏州去旅行……"

——那次他是去访书的，并且是"鲃肺汤上市的时候"。可见此中鲜味已经如何被诸多文人潜移默化进自己的灵魂深处。那一碗汤里，漂着十几条鲃鱼肝，被鱼肉之白衬托得黄澄澄，一边又有红火腿绿菜叶，四色分明，似乎象征四季。一碗喝下去，就是一年的静好岁月啊！

> 竹外桃花三两枝，春江水暖鸭先知。
> 蒌蒿满地芦芽短，正是河豚欲上时。

——我小时候学习这首《惠崇春江晚景》，正是 20 世纪 80 年代，整体环境很贫穷，物流不畅。一般人根本不知道苏东坡说的河豚（河鲀）是啥。老师只能简单通过资料告诉我们，河鲀很鲜美，也很要命。但后人亦有说苏东坡赞美的不是那种剧毒河鲀，而是"小河鲀"，也就是鲃鱼。比如苏轼的学生张耒，在其著作《明道杂志》中说江边人吃河鲀——"但用蒌蒿、荻笋（即芦芽）、菘菜三物烹煮"，这似乎与朱彝尊的做鲃鱼方法有点相似。其实苏轼、张耒诗文中出现的几种植物，正对应着李时珍在《本草集解》中关于安全处理河鲀的办法——"河鲀，水族之奇味，世传其杀人……但用菘菜、蒌蒿、荻芽三物煮之，亦未见死者。"可见这种猜测错了。

这是两种不能相提并论的鱼，只有鲜美味道是共通的。朱彝尊曾有《班鱼三十韵》，专门夸鲃鱼，甚至把它上升到解愁排忧的高度。这一说不是没有中医知识支持的——壮阳、和胃、温中补益的功效，使鲃鱼的身份焕然一新，它渺小的身材里，却有"伟哥"的气质。在今天这个人欲横流的世界里，有关壮阳的各种说法很多，但能像吃鲃鱼这样美滋滋地完成壮阳的方法，十分罕见。所以这种说法对鲃鱼并不利好。2011 年 5 月的张家港，曾出现这样一幕——

超级钢锅：容积 4.7 立方米，重达 3 吨。千条鲃鱼被煮。千名游客分享。

——这次盛宴传递的信息，是可以写进"鲃鱼史"的。小小鲃鱼其实承载不了人们太多太大的期望。就壮阳一项而言，一个人自己若不能保护自己的身体，再多的鲃鱼，再好的"伟哥"，都是不起作用的——不起作用还算好事，怕的是起了反作用。西门庆当年若不用那胡僧的春药，或许还能多活几年。

在大自然的怀抱中，人与鲃鱼一样，应该是风景的组成。彼此的联系与区分，即便不能完全摆脱"烟火味"，至少也应少点庸俗感。我也不知道葛洪当年炼丹的地方还有没有仙气，但那一带生产的龙井茶，依旧誉满全球。明朝田汝成在《西湖游览志》中描绘彼处景色："林樾幽古，石鉴平开，寒翠甘澄，深不可测。疏涧流淙，泠泠然不舍昼夜。

闲花寂寞，延缘其傍，或隐或见，苍山围绕，杳非人间。"在这样的地方生活，根本上是不能为外人道的。每一天的时间流逝，似乎都融进了身边的空气和水里，并没有真的离开。万事万物，充满永恒感——"时闻鸟韵樵歌，响答虚谷。井中相传有龙居焉，祷雨多应，或见小蟹、斑鱼、蜥蜴之类"——看，鲃鱼也混迹其间！它的游动中，依然有谢灵运的魂魄在萦绕。这个时候再拿本《随园食单》谈鲃鱼，我就不能不感到惭愧了……

# "海鲜单" 杂记

# 燕　窝

　　燕窝贵物，原不轻用。如用之，每碗必须二两，先用天泉滚水泡之，将银针挑去黑丝。用嫩鸡汤、好火腿汤、新蘑菇三样汤滚之，看燕窝变成玉色为度。此物至清，不可以油腻杂之；此物至文，不可以武物串之。今人用肉丝、鸡丝杂之，是吃鸡丝、肉丝，非吃燕窝也。且徒务其名，往往以三钱生燕窝盖碗面，如白发数茎，使客一撩不见，空剩粗物满碗。真乞儿卖富，反露贫相。不得已则蘑菇丝，笋尖丝、鲫鱼肚、野鸡嫩片尚可用也。余到粤东，阳明府冬瓜燕窝甚佳，以柔配柔，以清入清，重用鸡汁、蘑菇汁而已，燕窝皆作玉色，不纯白也。或打作团，或敲成面，俱属穿凿。（《随园食单》之"海鲜单"）


　　人猿泰山的"嗷嗷"叫声里，有野蛮的豪气。当他两脚踏着树干上的青苔以摩托的速度向前滑行的时候，崇山峻岭显得完全不在话下。如果他再抓住一根老藤，嗖地一下荡向蓝天白云……说实在的，这样的人才要是被我抓住，定会高薪请他担负一件工作，那就是：采燕窝。

他应该去马来群岛，实现人生最大价值。那里的悬崖峭壁常年经受飓风海浪，陡峭中暗藏锋利，根本不是普通人类可以涉足的。而驰名世界的金丝燕及其住宅，就喜欢生长在这样的地方，因为最危险的地方最安全。这样的地方一般高出海面 80~100 米，从彼处失足掉进海里，即便摔不死，也会因为昏迷而被淹死。所以，付出高薪给人猿泰山，买的不仅仅是燕窝，还有他的命。

袁枚在《随园食单》之"海鲜单"里说："燕窝贵物，原不轻用。"原因如上。接着又说"如用之，每碗必须二两……"这就很讨厌，因为现在燕窝论克卖，按照一级品中 35 元一克的打折标准，不算高，二两就是 3500 元。但清代的一两合今天大约 36 克，这也要 2500 多元。总之，一般民众吃不起。

自古以来，燕窝就是贵物。有人考证武则天时代有一种叫"假燕菜"的，用萝卜丝做成。那么什么是当时的"真燕菜"呢？就是指燕窝。杜甫有诗明显是为燕子叹息的，直接涉及燕窝——

海燕无家苦，争衔白小鱼。

却供人采食，未卜尔安居。

味入金齑美，巢营玉垒虚。

大官求远物，早献上林书。


——诗中"大官"即"太官令"，是为皇家掌管御食的。以这样的身份，去"求""远物"而"献"，可见燕窝当时已经罕见且意义非凡。又有人附会一个传奇，说唐朝某皇帝第一次吃燕窝，感觉没味道，很不满，责备御厨。御厨吓得表情都凝固了，颤颤抖抖，赶紧解释说：这东西极其珍贵，但不在于好吃，而在于延年益寿，更有滋阴壮阳之效。看样子这位皇帝晚上特别辛苦，所以很认同这个解释，尤其后半部分。从此御厨和燕窝在他眼中的地位就牢固了。

另一种对燕窝作为食品起源的看法，直指500多年前的郑和。史料记载他下西洋时带领的船队，因风暴被迫在马来群岛荒僻处停留。缺少食物，被逼发现：悬崖上的燕窝能吃。并且效果达到后来中医古籍《本经逢原》所说的："能使金水相生，肾气滋于肺，而胃气亦得以安。"如此好东西怎能不带一些给皇上呢？所以明成祖开始认识并接受甚至喜爱这种食物了。

以上两段类似传说的东西，有个共同点在于：南洋。唐朝皇室所用燕窝及明代燕窝来源，重点均在"舶来"。其实中国南部沿海一带也产燕窝的，但总体质量不如马来、印尼、菲律宾等地。因为其珍贵，现在基本没有野外采摘的燕窝，只剩近乎人工饲养的"屋燕"之窝。2012年初我国在厦门举办"燕窝产品标准研讨会"暨"燕窝产业标准化论坛"之后，2013年燕窝产品标准化研究基地正式成立，目的是将此物的生产标准化、规范化。应该说，这一切都是过去的行业乱象"倒逼"的。比如"血燕"事件，曾经是社会焦点。这种赤红色的燕窝据说是金丝燕啼血而造，营养价值堪比天物，广受崇拜。所以"聪明"的走私者，就将舶来的一些次品燕窝，放在燕子粪便中"熏陶"，改变其色为血红，然后——奇货可居。当然，普通百姓很难受其危害，上当者一般非富即贵。

刘禹锡在《乌衣巷》里留下千古名句曰——

朱雀桥边野草花，

乌衣巷口夕阳斜。

旧时王谢堂前燕，

飞入寻常百姓家。

——这个平凡而常见的景象，我很小就在外婆家的房梁上见过。那时我的两个舅舅年纪还小，有一天心血来潮，要把大桌上空的燕窝捣毁，因为害怕它们会将脏东西掉下来坏了菜。我外公看到后，吹胡子瞪眼睛，差点打杀一双愣头青。因为燕子自古是吉祥物，在人家筑巢，是奔着这户的美好品德和兴旺气象而来，不说彼此做朋友吧，至少也是幸福生活的象征。所以，燕窝侵犯不得。

合肥农村地区的燕窝现在少了，燕子显然不喜欢黑水泥、白石灰造的屋子，而对过去的土墙草屋很稀罕。我有时看着天空中轻盈翱翔的燕子，就想：它们来自哪里呢？记忆中的"合肥牌"燕窝，是泥巴造的，粘在屋梁上，出口比较大，像碗口。小燕子出世后，会在那里露出黄嘴丫，唧唧叫。这种燕窝与那种作为食品的燕窝，完全不是一回事。所以，最初听说燕窝可以吃，而且是皇帝吃的，我幼小的心灵就相当纳闷。

长大后，很少见到燕窝，对它也就不再关注。诸多有关燕子的概念，都来自书本了——瑶池燕、燕归梁、燕山亭、燕春台、燕莺语、双双燕、双飞燕、杏梁燕、乳燕飞、离亭燕……仅古典文学中的词牌名，关乎燕子的就很多，并且无一不流露美感。燕子作为诗词符号，年代久远。

宋代文人晏殊有词句"无可奈何花落去,似曾相识燕归来"——当然他不是为了描写燕子,燕子在这里就是个符号,组合出另一种与实体无关的美感,堪比袁枚对待"二两燕窝"的心境:"……先用天泉滚水泡之,将银针挑去黑丝。用嫩鸡汤、好火腿汤、新蘑菇三样汤滚之,看燕窝变成玉色为度。"注意他说的"天泉",应该是指雨水吧?一般的井水都嫌俗气!然后说用"银针"挑去黑丝,也就是清除杂质。他为什么不说用筷子或者牙签呢?显然是觉得那些东西不配吧?最后说要用"嫩鸡汤、好火腿汤、新蘑菇三样汤滚之",那么,有这些汤来服侍燕窝,再不好吃的东西,也会有美味了。燕窝就是这样,被袁枚以对待诗词的闲情逸致,抬到一个普通百姓家厨房里难以企及的高度,那就是:"看燕窝变成玉色……"

燕子们可能打死也不能接受自己的窝在餐桌上变为玉色吧?白居易在《钱塘湖春行》中有句描绘:"几处早莺争暖树,谁家新燕啄春泥。"当然他说的不是能造出罕见食品的燕子,但其"啄春泥"的辛苦,也不亚于悬崖峭壁上的金丝燕。可是,当我们把乾隆爷的菜单展开,以其中的"燕窝火锅"来对照这句诗,会发现:这四个字若在今天,就是城市街道两边老屋墙壁上,那个写在红圆圈里的巨大"拆"字。燕子会愤怒的,只是不懂上访而已。袁枚对此也很不屑,但并非同情燕子,而是因为"此物至清,不可以油腻杂之;此物至文,不可以武物串之"。所以火锅里的燕窝,完全不符合袁枚的理想。在他看来,简直暴殄天物。乾隆爷一生作诗万首,在燕窝面前却是个彻底的俗物。

这种俗气同时也反映在《红楼梦》里,有人统计"燕窝"二字在书中出现18次。清朝人裕瑞曾批评曹雪芹"写食品处处不离燕窝,未免俗气"。但后来学者反过来批评裕瑞，说他不懂当时权贵们是如何追捧燕窝的，而曹雪芹只是如实地描绘了这种普遍景象而已。俗归俗，真归真。不能为追求雅致，连生活真实都不要啊！那还叫批判现实主义文学吗？如果裕瑞当时能参考袁枚在《随园食单》中的记载，或许能理解曹雪芹的苦心——"今人用肉丝、鸡丝杂之，是吃鸡丝、肉丝，非吃燕窝也。且徒务其名，往往以三钱生燕窝盖碗面，如白发数茎，使客一撩不见，空剩粗物满碗。真乞儿卖富，反露贫相。"这其中可见，燕窝在清代曾经成为众多食品的华贵"衣服"，披上它，即有了"面子"，各种菜都用它来提高身价，添姿添色。雅俗之转化，就是这样瞬间完成的。但袁枚也很搞笑，他一方面反对用燕窝配其他东西，另一方面却开了个单子推翻自己的说法："不得已则蘑菇丝、笋尖丝、鲫鱼肚、野鸡嫩片尚可用也。"请问"野鸡嫩片"就比一般"鸡丝"更好吗？他没有说明原因，我看就是个人口味问题。而且，他后来又说："余到粤东，阳明府冬瓜燕窝甚佳，以柔配柔，以清入清，重用鸡汁、蘑菇汁而已，燕窝皆作玉色，不纯白也。"其中"鸡汁"完全来自"鸡肉"啊？为何"鸡汁"就可以，而"鸡丝"不行呢？无解。

对燕窝的共同追捧后面，是人们千差万别的心理。现代人宋美龄女士也爱燕窝，每天早晨起床后，必空腹食用一份冰糖燕窝，且坚持不断。有人说她60岁后看起来也只有40多岁，我不知道是否夸张了，但她是在106岁时去世的，而那时她并不显得比一位80岁老人更年迈倒是事实。她食燕窝的目的主要在于美容，但其成功，也未必是燕窝的单项功劳吧？我更在意她是一位有真正信仰的人。心灵的纯净，应该比燕窝更具有美容的能量。2012年网上曾有文章分析燕窝的营养价值说，人体需要的21种氨基酸，燕窝中只含有4种。"在蛋白质方面的营养价值，（燕窝）还远远不如各种肉类、大豆等高蛋白食品"，"二两燕窝能提供300~400千卡的热量，相当于二两米糕或者面包"……这就从化学角度否定了人们对燕窝的盲目崇拜。

可惜的是，流俗难改，类似金丝燕的鸟儿们，依然保不住自己的住宅。因为人们要吃的，其实已经不是燕窝本身，而是一种近乎形而上的精神追求。目前，他们当然比不上袁枚的雅，但已经远远超越了袁枚所批判的俗。

# 海参三法

　　海参，无味之物，沙多气腥，最难讨好。然天性浓重，断不可以清汤煨也。须检小刺参，先泡去沙泥，用肉汤滚泡三次，然后以鸡、肉两汁红煨极烂。辅佐则用香蕈、木耳，以其色黑相似也。大抵明日请客，则先一日要煨，海参才烂。尝见钱观察家，夏日用芥末、鸡汁拌冷海参丝，甚佳。或切小碎丁，用笋丁、香蕈丁入鸡汤煨作羹。蒋侍郎家用豆腐皮、鸡腿、蘑菇煨海参，亦佳。（《随园食单》之"海鲜单"）

　　要想使火炉上的煨罐意境辽阔，就得像袁枚那样，扔几枚海参进去。作为比恐龙还古老的物种，它们有资格在煨罐里傲视海鲜群雄。毕竟论资排辈是我们国民性中的一个显著特色，所以，即便海参不那么好吃，它也能身居庙堂之上。

　　说实在的，海参本身真没什么滋味，无论古人和今天的专家学者怎样夸赞它的营养价值，它还是没滋味。袁枚在介绍它的第一句话中就说，"海参，无味之物"，并且"沙多气腥，最难讨好"。可能也正因此，中国历史文献中对海参的记载并不热切。有人考证说有关海参的文字，最早是三国时期的丹阳太守沈莹在《临海水土异物志》中的一句话：

土肉正黑，如小儿臂大，长五寸，有腹无口目，有三十足，炙食。

——从这句话大致可以推测，当时的官方、贵族阶级，对海参很不看重，"炙食"二字可能是描述海边老百姓们吃海参的粗鄙方法，而上等人们，根本就看不上它。"土肉"一词用来称呼海参，亦显得不干净、欠高雅，应该是渔夫们的口头语吧？中国人真正较多地谈论海参，还是从明朝开始的。可以说，海参作为食物，作为高贵的滋补品，至今不过六百年左右。

因为缺少文人参与，有关海参的历史文化苍白了很久。这是海参之大幸。对于人来说，是"大隐隐于市"；而对于海参这样的动物，就是"大隐隐于文化历史"了。其价值过早地被人类认识，结果会很难看。因为在现代人类的理念中，"价值"后面紧跟着所谓的"市场""开发"，这一来就可能刨人家根、挖人家祖坟。

所以，当一只海参在礁石附近蠕动的时候，那里是有一团《道德经》之智慧的。如此柔弱，如此丑陋，而又那么恒久。即便2013年3月，我国南方第一个海参交易中心在福建省霞浦县成立，也暂时不能改变它古老的生存与繁衍状态。

袁枚认为海参"天性浓重，断不可以清汤煨也"。这句话表明，两百五十多年前的清代中国人，已经继承明朝以来的海参文化，并且可能有更深入的了解。清代的一大批中医书特别关注了海参，如《本草从新》《药性考》《本草纲目拾遗》《本草求原》《随息居饮食谱》等，基本一致认为它对人的滋补作用是深刻的，尤其对男女生育方面的器官很有帮助。笔者个人并不推崇这些功效，因为大自然给我们的任何一种动植物，都可能非常有用，不必过于看重某一种，这会导致一个特定物种的灾难。所以，不妨再看看袁枚如何进一步处理海参——

须检小刺参，先泡去沙泥，用肉汤滚泡三次，然后以鸡、肉两汁红煨极烂。辅佐则用香蕈、木耳，以其色黑相似也。

——显然，海参在他眼中并不完美，如果不用"鸡、肉两汁红煨"，袁枚也许都不想吃海参的。佐以香蕈、木耳，是否有营养方面的考虑？暂不论，也可能只是为了丰富视觉感官。古代人在不很了解海参的时候，吃它主要是想填饱肚子，所以没什么讲究，而到了袁枚时代，讲究的人就越来越多了。而这些，往往又是脱离主题的一些思想在主导。例如 2003 年，海参市场在中国北方呈爆发式发展，是因为非典；2009 年，海参在中国南方市场销量呈几何数级增长，是因为"甲流"。从这两件事看，海参就显得不那么吉祥，它的"荣耀"，是伴随着人类灾难的。当然，责任不在海参。

所以，当我们讲究吃海参的时候，心里要有个对未来的预测：是不是某方面情况不好了，以至于要从食物中寻求精神安慰？以人类的短视特性来分析，吃，可能是最完美的一种精神胜利法，就是说，在人心惶惶的时候，居然能用口腹之欲的满足，同时化解危机，"一举两得"都概括不了这种思想行为的眼前欢喜啊！

为了巩固信心，后人对海参的价值、意义，进行过多种演绎。比如两千年前的徐福先生，为秦始皇寻找长生不老药，带着千名童男童女出海无果，又不敢回去，只好流浪到一座海岛上。结果在饥不择食的时候，大家决定拼死吃海参。数日后"感觉气运通畅，浑身充满活力"。这是一个没有任何证据的传说，目的是告诉我们：徐福先生因此活到了九十岁，且"面如童颜，须发俱黑，百病皆无"。那么所谓的长生不老药就是海参了。大家去商场花钱寻找吧！还有个关于铁拐李的传说，更把海参与升仙得道直接挂钩，恕不分析其目的。

> 预使井汤洗，迟才入鼎铛。
> 禁犹宽北海，馔可佐南烹。
> 莫辨虫鱼族，休疑草木名。
> 但将滋味补，勿药养余生。

——这首咏海参的诗出自《梅村集》，作者是清朝初年的吴伟业。他对海参的烹制手段和养生意义，都做了说明。其中的浪漫情怀很显见。关乎食物的古诗大抵如此，不必深究。可同时代的欧洲人却有迥异的看法，这里我没有诗歌作证，就看他们对海参的命名吧：英国人叫它"海黄瓜"，这里面没什么赞美的意思，是视觉对海参的否定。按照这种名称，海参是不宜上餐桌的。日本人倒是吃海参，但给它的名字却是"海鼠"。总之，这些外国称呼还不如我们三国时代人们所说的"土肉"好听呢！

以此来看，海参之所以迟迟没能为人类普遍认可与接受，主要是相貌丑了点。虽然明朝人已经知道海参的意义，但真正作为海产品推广，大约还在18世纪后。当时一位叫谢清高的人，搭乘欧洲船只，游历甚广，发现东南亚、南亚一带人的市场上，很看重海参，他甚至为此感到"惊奇"！谢清高和袁枚同时代，他的"惊奇"与袁枚坦然的"吃"，颇有些感情对立，只说明那时海参尚未在大清国市场和餐桌上普及。

在此我们应该祝贺海参。虽然南宋时代就有人专门写诗谈吃海参，但毕竟影响很小，更没有危及海参。并且有位叫许及之的文人，也没在称呼中用到人参的"参"字，而把海参叫作"沙噀"。一般人肯定不知道这是啥东西，更不用说怎么吃了。"噀"的字面意思是"含一口水吐出去"，"沙"则是海参的生存环境。那么"沙噀"就是说这种东西会吐沙吐水，当然，也会吐内脏。总之，这个名字不美，与他的诗意是相反的——

> 沙噀噀沙巧藏身，
> 伸缩自如故纳新。
> 穴居浮沫儿童识，
> 探取累累如有神。
> 钓之并海无所闻，
> 吾乡专美独擅群。

——诗人明确告诉我们，那时代大多数人不认海参。

> 外脆中膏美无度，
> 调之滑甘至芳辛。
> 年来都下为鲜圃，
> 独此相忘最云久。
> 转庵何自得此奇，
> 惠我百辈急呼酒。

——诗人把海参捧得很高了，但只有小范围的人们认为它能吃、好吃。

> 人生有欲被舌瞒，

齿亦有好难具论。

忻兹脆美一饷许，

忏悔未已滋念根。

拟问转庵所从得，

访寻不惜百金直。

岂非近悟圣化时，

望兹尤物令人识。

——海参被诗人升华为人生追求。不过与现代人的追求相比，许及之先生看待海参的思想态度还是很清净的，因为诗句最后很哲理，并非那么急切地要滋补啊、长寿啊，乃至"性福"什么的。虽然那时海参已经很贵，但不是因为大家在抢购，而可能是缺乏大众认同，导致市面罕见而值钱，否则它的名字也不会被叫成毫无贵气的"沙噀"。

这种很原始的动物，在名称上被人类折腾得够呛。但更残酷的折腾，是有人做实验：用铁丝穿透海参肉体，打上死结；但不到半个月，海参就会将异物排出体外，而身上不留痕迹。这个功能与前几年美国大片《未来战士》中的特殊金属机器人十分相似。难道最原始的，就是最未来的？海参想告诉我们什么？讨论这个可能会陷入神秘主义，但不讨论我也心有不甘：至少科幻大片中，常常可见很原始的场景，例如《星球大战》系列；而这些原始场景中，到处都是宇宙飞行器——奔驰、宝马都相形见绌啊！

所以，吃海参，我们得谨防吃出个《道德经》或"小宇宙"来。因为人们对它的了解，其实很少很少。比如，海参皮下储藏着一个直径约 0.002 毫米的纯铁球，目前无人能解释其来源及用途。如果说大自然的安排是"无意识"的，那又怎样理解这种"无意识"竟然很有规律地遍布每一个海参呢？多年前人们曾认为盲肠是无用的，甚至有害的，但人类的无知才真正有害呢！远古人类在茹毛饮血的时候，其盲肠比现代人长很多，就是因为野兽毛之类的残渣，需要它清理。随着人类饮食精致，它渐渐退化而已。或许用不了很久，盲肠又得重新进化了——当海参也濒危之后……

回到袁枚的食谱吧——

大抵明日请客，则先一日要煨，海参才烂。尝见钱观察家，夏日用芥末、鸡汁拌冷海参丝，甚佳。或切小碎丁，用笋丁、香蕈丁入鸡汤煨作羹。蒋侍郎家用豆腐皮、鸡腿、蘑菇煨海参，亦佳。

——袁枚的交游中颇有些美食家。钱观察、蒋侍郎分别将海参制成凉菜和羹汤，其共同点就是：仍然需要"外力"支持，如芥末、鸡汁、笋丁、香蕈。如果把袁枚比作海参的话，那么钱、蒋二位就是我们的鸡汁和香蕈吧？在看《随园食单》的时候，不时会有这样的人物猛然出现，让我们感觉到袁枚作为大才子的浑身俗气——他们讨论的不是诗书，而是吃。袁枚无意中将这些人物留在我们的饮食文化中了，虽不能像袁枚本人那样熠熠闪光，但也足以像鸡汁、香蕈那样，给我们一缕从很久以前飘来的人间烟火的味道。

# 鱼翅二法

　　鱼翅难烂，须煮两日，才能摧刚为柔。用有二法：一用好火腿、好鸡汤，加鲜笋、冰糖钱许煨烂，此一法也；一纯用鸡汤串细萝卜丝，拆碎鳞翅掺和其中，漂浮碗面。令食者不能辨其为萝卜丝、为鱼翅，此又一法也。用火腿者，汤宜少；用萝卜丝者，汤宜多。总以融洽柔腻为佳。若海参触鼻，鱼翅跳盘，便成笑话。吴道士家做鱼翅，不用下鳞，单用上半原根，亦有风味。萝卜丝须出水三次，其臭才去。尝在郭耕礼家吃鱼翅炒菜，妙绝！惜未传其方法。（《随园食单》之"海鲜单"）

　　可以推测，袁枚所用的鱼翅是"排翅"，因为他说"鱼翅难烂，须煮两日，才能摧刚为柔"。鱼翅通常分为两种：散翅，是用较薄小的鱼翅涨发而成，翅针呈粉丝状，也叫"生翅"；而排翅又称"鲍翅""裙翅"，发好后呈扇形梳状，是鱼翅中最佳。因为排翅的翅针较粗大，且骨膜肥厚，所以要用特制的浓汤长时间煨制，才能入味。

　　与海参一样，鱼翅也得借助于其他配角的力量，才能使自己成为高贵的"鱼翅"。例如袁枚的私房菜中两种做法——

一用好火腿、好鸡汤，加鲜笋、冰糖钱许煨烂，此一法也；一纯用鸡汤串细萝卜丝，拆碎鳞翅掺和其中，漂浮碗面。令食者不能辨其为萝卜丝、为鱼翅，此又一法也。

——其中后一种做法已经到了喧宾夺主的地步："令食者不能辨其为萝卜丝、为鱼翅！"这让我想起自己仅吃过两次鱼翅，都是在合肥同一家大酒店。令我耿耿于怀的，不是鱼翅不好吃，而是我无法对自己证明——我曾经吃过它。在回忆中，当时的小瓷碗里面是否有鱼翅，以及哪一部分属于鱼翅，还有它到底给我的味蕾以何种影响？一概模糊。就是说，我等于没吃过鱼翅。

那家酒店的大堂里，有一个很大的玻璃柜子，用于陈列干制的山珍海味。其中一具是鱼翅，非常醒目地立在里面；柜顶有专门的灯光照耀它，泛着似白似黄的颜色。当时我驻足良久，只为观赏。视觉感受使我不倾向于吃掉这个貌似高贵的东西，它给我更多的感觉是：惊奇。鲨鱼作为海洋霸主之一，那个背鳍一旦露出水面，谁不闻风丧胆？而今干巴巴地竖在我面前，被光照耀着，像舞台上的小丑，谈不上一点点霸气。人类不仅对自己，对这世界的诸多物种尊严的摧毁，都是广泛而深刻的。

袁枚在煨鱼翅时特别强调："用火腿者，汤宜少；用萝卜丝者，汤宜多。总以融洽柔腻为佳。"这又使我想起当年萨达姆被捕后的满头乱发，像个流浪汉一样站在美国摄像师面前，等待摆弄。将鲨鱼的身体混在火腿与萝卜丝中，总让我觉得：像那张萨达姆的照片一样怪怪的。而且，作为亚洲特有的饮食文化现象，鱼翅并不受其他国家、地区的厨师青睐。现代科技分析表明：鲨鱼鳍内粉丝状的翅筋，含 80% 左右的蛋白质和脂肪、糖类及其他矿物质，但综合营养价值不高。《本草纲目》认为鲨鱼肉能补五脏，但作用还不如鲫鱼；《调鼎集》认为鱼翅能"和颜色，解忧郁"。这些说法不但模糊，而且也没凸显什么很特别的功效，与古人对海参、燕窝等的神奇说法相比，还算平淡。明朝以前，鱼翅一直没有影响力，宋朝人倒是重视鲨鱼，但喜欢的却是其鱼皮和鱼唇，有梅尧臣《答持国遗鲨鱼皮脍》诗为证——

> 海鱼沙玉皮，翦脍金斋酲。
>
> 远持享佳宾，岂用饰宝剑。
>
> 予贫食几稀，君爱则已泛。
>
> 终当饭葵藿，此味不为欠。

——这诗中对鲨鱼的赞美，就不在鱼翅那块儿。按照李时珍在《本草纲目》中的记载，当时也只是南方人喜欢食用，所以，他在书中没有重点谈到鱼翅的价值，只讲了肉、皮和胆的性味与功效。到了明熹宗那会儿，皇上虽然爱吃鱼翅，但风水师持反对意见，因为鲨鱼是佛教护法神"摩羯"，吃鱼翅显然有罪。那时的国运已经江河日下，等到清朝建立之后，很长时间都没人敢吃鱼翅，认为那是非常不吉祥的。

明朝末年的不吉祥表现，最生动的记载莫过于《金瓶梅》。该书第五十五回专说西门庆去东京给蔡太师祝寿——其实是行贿——他到达后，有人为他洗尘，几十样珍馐美味中便有"燕窝鱼翅，绝好下饭"，且"便是蔡太师自家受用，也不过如此"。在此可见，鱼翅在当时，并不是一般人家能见到的东西。而随着明朝的没落，鱼翅的价值和影响，也跟着没落了。到袁枚提起它的时候，大约隔了一个世纪。在这段时间里，鲨鱼的生存安全得到了保障——同时，人的安全也得到了保障！此话怎讲？因为按照今天的分析研究，鲨鱼身处海洋生物链顶端，一辈子吃的都是海洋鱼类，体内因此积累了不少水银等重金属。人若食用鱼翅多了，难免会碰上它们。单说水银吧，它会直接沉入肝脏，对大脑、神经、视力破坏很厉害。由此我再推测，袁枚这辈子可能没吃过太多鱼翅，否则，他的后半生成就也许不会很大。

在笔者手头资料中，也不乏对鱼翅的医学赞美，比如降血脂、抗动脉硬化、防冠心病等等，我不敢说这些说法没道理，但在一个功利味道浓厚的社会里，有些赞美的目的未必基于爱，而可能带有推销的意图。如果这些赞美不是出自医生之口，那就一准是商家的宣传。无论如何，鲨鱼作为食物，并不好吃。清代有位学者叫郝懿行，多数人未必熟悉，但他有部著作叫《记海错》，周作人先生还为它写了篇书话呢！而郝懿行对鲨鱼描述如下——

沙鱼（鲨鱼）色黄如沙，无鳞有甲，长或数尺，丰上杀下，肉瘠而味薄，殊不美也。

——最后九个字，简直把鲨鱼整个踢出厨房了。他老人家也不在乎更早的一些前辈们如何看重鲨鱼，而是直抒胸臆。"肉瘠而味薄"这话说得实在痛快。无论袁枚如何在《随园食单》中整治鱼翅，其实都是在用配角们的味道，来对应鱼翅之"殊不美也"！比袁枚更费力的鱼翅做法，在《汪穰卿笔记》卷三有载——

……以一百六十金购上等鱼翅，复剔选再四，而平铺于蒸笼，蒸之极烂。又以火腿四肘、鸡四只，亦精造。火腿去爪，去滴油，去骨；鸡鸭去腹中物，去爪翼，煮极融化而漉取其汁。则又以火腿、鸡、鸭各四，再以前汁煮之，并撇去其油，使极精腴……

——猛一看，这哪里像是在谈鱼翅呢？难怪目前网上的一些交易平台，都在杜绝鱼翅出售。他们主要是怕鲨鱼因此被捕杀绝种，而在我看来，少一只鱼翅，在拯救鲨鱼的同时，也减少了鸡鸭鹅猪牛羊的牺牲。一碗鱼翅上桌，那里其实蕴含着一条不算短的"食物链"啊！

在此我们不能责怪袁枚先生，他所处的时代，尽可以吃鱼翅、燕窝或其他稀奇古怪的东西，因为那时的人类没有多大力量去破坏大自然的平衡，再怎么吃，也在安全的范围内。技术相对"落后"的时代，其实也是相对安静的时代。很多现代人的回归梦，如果不戳穿其根本——是用贫穷换取内心的安宁——那么这个梦还是比较容易实现的。可惜，大多数人是回不去的。因为人的内心，往往都有很多鲨鱼在纵横驰骋。所谓吃鱼翅，不过就是想像鲨鱼那样自由翱翔，追求、实现自身的欲望罢了。

# 鳆　鱼

鳆鱼炒薄片甚佳。杨中丞家，削片入鸡汤豆腐中，号称
"鳆鱼豆腐"，上加陈糟油浇之。庄太守用大块鳆鱼煨整鸭，
亦别有风趣。但其性坚，终不能齿决。火煨三日，才拆得碎。
（《随园食单》之"海鲜单"）

　　我个人很喜欢吃鲍鱼，也就是袁枚所说的"鳆鱼"。袁枚对鲍鱼
赞赏有加："鳆鱼炒薄片甚佳……"他还专门提到一个朋友："杨中丞
家，削片入鸡汤豆腐中。号称'鳆鱼豆腐'……"可见人们对鲍鱼的
馋涎，已经很有历史文化感了。我最近一次吃鲍鱼是在合肥一处很小
的海鲜店，那道菜也不是真正的菜，而叫"鲍鱼饭"。味道确实很不错，
但我懒得寻找可能并不存在的文字来描述它的好，大家有机会还是亲
自尝试为妙。

　　我想说的，是鲍鱼的文化趣味。其中有一道趣味很恶心——《南
史》记载皇帝刘裕的心腹大臣刘穆之，有个孙子名叫邕，此人"至
嗜食疮痂，以为味似鳆鱼"。有一次，他去孟灵休家拜访，正好孟
灵休前阵子身上害疮，结的痂掉落在床上，"因取食之"！有现代
学者把他这个喜好视为恋物癖，甚至关乎性意识。但单从"嗜痂成癖"

这个成语来看，似并无此意，邕就是喜欢吃痂而已，别人视为陋习，在他的自我感觉，却像吃鲍鱼一般鲜美。并且，即便盛宴中摆出鲍鱼，在邕的理解中，约等于请人吃痂而已！苏轼长诗《鳆鱼行》开头几句说——

> 渐台人散长弓射，初啖鳆鱼人未识。
> 西陵衰老穗帐空，肯向北河亲馈食。
> 两雄一律盗汉家，嗜好亦若肩相差。

全诗其实是对历史的感叹。鳆鱼在此不过是一个与富贵荣华直接相关的符号，但可见它的身份地位很早被认可了。苏轼所说的"两雄"是指王莽和曹操，他们都是鲍鱼的忠实粉丝。王莽在面临失败、心情痛苦的时候，除了喝酒，就是吃鲍鱼，并以此获得暂时的精神解脱。而曹操在死后，还能享受鲍鱼祭品，因为他儿子曹丕、曹植会按照其生前的偏好，适时将鲍鱼摆上供台。曹植的《求祭先王表》中有记——

> 先王喜鳆，臣前以表，得徐州臧霸上鳆百枚，足自供事，请水瓜五枚。

——其孝心可嘉。而曹丕更继承了父亲的爱好，不但自己爱吃鲍鱼，还用它赏赐下属。所以三国时代的鲍鱼价格已经很高了。

前年，我在合肥一家大超市看到标价4元钱一枚的活鲍鱼，甚觉意外。因为这个价格似乎降低了它的历史身份。后来经查资料才知道，贵人与老百姓吃的鲍鱼有个重大区别，不在于鲍鱼之名，而在其体形大小！俗话说"有钱难买两头鲍"——什么叫"两头鲍"？按照现在标准，就是总重在五百克范围内，仅有两只鲍鱼。也就是平均一只鲍鱼得是两百五十克。至于"一头鲍"就不用说了，定是天下罕见的极品，非王侯和一些特别的人，难以享用。

2010年夏天，我太太从大连带了几只新鲜鲍鱼，飞回合肥已经天黑。到家拿出鲍鱼，大多死了。这东西很不易保存。清代大文人朱彝尊有诗《李检讨澄中惠鲜鲭鱼赋寄》曰——

> 李家君诸城，古台琅琊畔。
>
> 封书敕官奴，乡味来岁晏。
>
> 荒途犯风雪，羸马走颠汗。
>
> 以之贻故人，腥涎尚未瀚。

——差人冒着凛冽寒风和大雪，快马加鞭送鲍鱼给朱彝尊，非一般朋友可以想到。而鲍鱼送达之后，还"腥涎尚未瀚"呢！可见其速度堪比"一骑红尘妃子笑"。

相对于朱彝尊得到的新鲜鲍鱼，袁枚所记的"庄太守用大块鲭鱼煨整鸭"，就不够档次了，因为这显然是干鲍鱼，所以"其性坚，终不能齿决。火煨三日，才拆得碎"。也许干鲍鱼也有它的别样美味，但海鲜终究还是"鲜"的好，一如果脯并不等同于鲜果。为了"一口鲜"，不惜人力马力，这也算一种别样的趣味了。

鲍鱼在海里礁石上，用它的脚丈量太平洋，但一辈子也没走多远。而人们说吃鲍鱼，实质就是吃它的脚；对它的赞颂，其实也都落在脚上。但鲍鱼脚的厉害，还不仅仅表现在历史文化上——它的巨大吸附力，往往令人无可奈何。清代一位叫周亮工的文人记载过渔民捕鲍鱼的细节——

鳆生海水中乱石上，一面附石，取者必泅水，持铁铲入，铲骤触，鳆不及觉，则可得；一再触，则粘石上，虽星碎其壳，亦胶结不脱。故海错惟此种最难取。

——就是说，如果惊动了鲍鱼，它的脚会像抹了502胶一样，牢牢地将自己吸附在礁石上，即使外壳全被砸碎，也剥不下它。不过这样的鲍鱼，一定都是比较大的。另外，从周亮工的记载可见，当时的海洋显然比如今的干净，水下可见度高，因为他说的捕捉鲍鱼的地方，是今天山东沿海。而我近年所见的青岛一带的海洋，不时暴发蓝藻，一眼望去，海面活像内蒙古大草原。在"草皮子"下面寻找鲍鱼，总感觉像去新疆捕捉鲸鱼一样不对味儿，是吧？

怎么解决这个问题呢？笔者不揣浅陋，提出个方案：吃鲍鱼。因为它过去有一个称呼是"明目鱼"。《蜀本草》《本草衍义》《医林纂要》等古代医书都认为它可以明目。吃过鲍鱼之后，一个猛子扎进蓝藻里，目光如炬地畅游礁石间，面前景色纤毫毕现，何况金光闪闪的鲍鱼！如果捉到一个极品鲍鱼，说不定可以卖到几十万港元呢！不信，你可以去香港问问"阿一鲍鱼"是干什么的。

# 淡　菜

淡菜煨肉加汤，颇鲜，取肉去心，酒炒亦可。(《随园食单》之"海鲜单")

唐穆宗年间，元稹作《浙东论罢进海味状》一篇，批评浙江官员每年进贡"淡菜一石五斗、海蚶一石五斗"之事。这人胆子也太大了，毕竟那些海味是送给当朝皇上的，轮到你当臣下的阻拦吗？皇上想吃点啥不行？五岳四海都随他姓李！另一位北宋大文人欧阳修在《新唐书·孔戣传》也提及"淡菜"——

明州岁贡淡菜蚶蛤之属。戣以为自海抵京师，道路役凡四十三万人，奏罢之。

——孔戣与元稹所说是同一件事，都是怀着为民"减负"的情怀，犯颜直谏，可谓壮烈。那么，啥叫"淡菜"呢？袁枚先生给出美味答案——

淡菜煨肉加汤，颇鲜，取肉去心，酒炒亦可。

"淡菜"是贻贝类动物，也叫海虹。中国人至少常吃其中三种：紫贻贝、厚壳贻贝、翡翠贻贝。我在合肥海鲜店吃过厚壳贻贝，坦率地说，不咋地，肉太少。那么大的一对壳子里，只有一粒蚕豆大的肉。不过瘾。袁枚为何像唐穆宗一样喜爱它呢？也许他们吃到的是干制品吧？而我吃的是新鲜贝壳，鲜味是否不如干制品的浓缩呢？或者，是因为中医的一些说法？比如《日华子本草》说，"煮熟食之，能补五脏，益阳事"等等。那么，袁枚和唐穆宗们吃淡菜，其实另有目的。

大连海边的淡菜特别多，密密麻麻生长在礁石上，对密集恐惧症者威胁极大。我见过有些人拿着小铲、改锥去撬淡菜，很轻松地就装满一袋子。按说这么易得的贝类，没那么珍贵，居然能登上唐穆宗的餐桌和袁枚的《随园食单》。奇怪！在某些行当的人看来，淡菜之类的贻贝，简直是祸害！因为它们一旦入侵管道，能迅速繁殖，直至将管道填满、堵塞。过去的船也很怕这些贝类，一旦附着在船底及两边多了，就影响航行速度。必除之而后快。

但是，早在唐朝就已经被视为海中美味的淡菜，地位并不因此降低。明代医学家倪朱谟用淡菜"补虚养肾"，这一点特别符合现代人的期盼。如今淡菜广泛应用于民间厨房，有些菜品看着还很诱人。

一般市民都吃过"韭菜盒子"吧？街头卖的早点总少不了它。但是"淡菜韭菜盒子"就难得见于内地了。它的做法是将淡菜泡发，与韭菜、豆腐、蘑菇等一起切碎，用面皮包着，在锅中用油煎黄。一般韭菜盒子只是香，而加了淡菜的韭菜盒子香中更有鲜。如果能在内地推广这种韭菜盒子，我表示支持。

李渔在《风筝误·婚闹》中有道，"且尝新淡菜，莫厌旧蛏条"。民间对淡菜的深度认可可见一斑，都拿来比附爱情了。而宋代孙光宪亦有句逸诗"晓厨烹淡菜，春杼种橦花"，则表现了岁月静好。淡菜在其中与生活关联太深切了。当今的宁波人因为贪吃海鲜，每到夏天休渔季节，主要就靠淡菜来给餐桌添彩了。

有些浙江人将淡菜称为"壳（音：翘）菜"，不知有啥深意？不如叫淡菜来得明白——这东西因为太多，人们通常吃不了，就将其肉取出来晒干。吃的时候根本无须盐。所以名曰淡菜。并且，它适配的材料极多，与很多贝类一样，具有味精的意义。有人喜欢用淡菜与皮蛋在一起煮粥，我虽没尝过，但心向往之——粳米煮沸放入碎皮蛋和用料酒泡一夜的淡菜，小火煮到烂，就可以了。这种做法很简单，我准备某一次晚餐试试。

淡菜有一个有趣的名字：东海夫人。有现代人不怀好意地说，是因为它的肉像女性某器官。这种思维方式也只有现代人广泛具备，相对于盛产诗歌的时代，实在太拙劣了。不如从中医角度来解释。淡菜可治产后血结、妇人带下等等疾病，对女性的关怀可谓深切。而古代女性在没有很多药品可选择的情况下，运用来自大自然的药品，尤为急切。有了淡菜这样价廉物美的东西，心中怎不欢喜呢？称之为"东海夫人"，或许是表达一种朋友的情谊吧？

现代人还将淡菜称为"海中鸡蛋"，是因为其营养成分很多，仅蛋白质含量就达59%。有趣的是，淡菜之所以含如此丰富的蛋白质，主要是为了使自己固定——将蛋白质分泌出来，与海里的岩石壁相粘，它就可以稳稳地"站"在那里吃海水中的藻类了。贝类中有很多都喜欢固定自己，比起扇贝在海底忽然"狂奔"的景象，淡菜颇有些"静如处子"的意味。

淡菜这种贻贝很早就被中国人载入典籍。《尔雅》竟然将其放进"释鱼"中说：玄贝，贻贝。看来古人对"鱼"的理解，与我们有很大不同。也许他们用"鱼"泛指水生物吧？袁枚在南京生活的时候，吃过太多江鲜、海鲜，他对水生物的理解，也很"宽泛"，只是将淡菜简单地列入"海鲜单"，没有谈及更多。并且，他的淡菜吃法，也很令人怀疑——煨肉加汤——然后赞其鲜美。有了肉的鲜味叠加，又怎能体现淡菜的独特呢？有喧宾夺主的感觉。这就不如另一位清代大文人朱彝尊在《食宪鸿秘》里的做法——

淡菜极大者，水洗，剔净，蒸过，酒酿糟下，炒。一法：治净，用酒酿、酱油停对，量入熟猪油、椒末，蒸三炷香。

——这是以淡菜为主角，而不为其他东西干扰。值得注意的是，朱彝尊所用淡菜是"极大"的，如今市面好像没见到。我家附近的海鲜店里，新鲜淡菜的贝壳，大多不过扁豆大小，朱彝尊所言"极大"，能达到什么程度呢？是不是有大河蚌的感觉？如果是，这就可以解释当年的唐朝皇帝为什么要进贡淡菜，因为他们那会儿的口福确实有"极大"的淡菜来满足，而今天十多亿中国人，严重地抑制了淡菜的生长……

李贺有诗《画角东城》说：淡菜生寒日，鲥鱼漾白涛。那时海边的古人，拥有吃不完的淡菜，所以淡菜是能入诗的风景。这种可怜的贻贝也因此拥有更多自由生活的时间。虽然目前中国海岸线上还有它们密集出现的地方，但终归是少了。

# 海 蜒

海蜒，宁波小鱼也，味同虾米，以之蒸蛋甚佳。作小菜亦可。
（《随园食单》之"海鲜单"）

海蜒即海蜓。我第一次遇见它是在麦德龙超市。其实那天我是想买巢湖小毛鱼，遍寻不着，就遇见一堆海蜓。它们与毛鱼一样小，体长5~6厘米，但不如毛鱼的扁和柔。我想起袁枚说它"味同虾类"，或许可以在餐桌上代替毛鱼呢？但，这是完全错误的。

海蜓很腥。用了很多葱、姜、蒜、辣椒和土酱蒸出来，也无法取得类似蒸毛鱼的口感。接着我又按照袁枚的说法，用它蒸鸡蛋，得到的，却是一盆人神共愤的东西。从此我对海蜓敬而远之。

但，我又错了。因为隔年后在宁波一家餐厅里，遇见一道海蜓蒸鸡蛋，与我蒸的完全不一样——海蜓哪里去了？细察，这里的海蜓居然像小银鱼一样，与鸡蛋浑然一体。难道我买的是假货？我都不好意思问个究竟。这是一个内陆食客的自卑感。

原来，真正美好的海蜓，是极小的，只有2厘米长，非常像巢湖小银鱼，名曰"细桂"。而我买的那种，太大了，泛青黑色。在宁波人眼中，属于"粗桂"。不但价格相差巨大，口感更不能相提并论。难怪袁枚还用它做小菜呢！肯定是海蜒中的"细桂"。至于是不是有虾米的味道，这已经不重要了。好吃，即一切。

请我吃饭的宁波朋友少年时代在象山度过，其爷爷是老渔民，曾带他出海捕海蜒。这种小鱼是鳀鱼的幼体，渔山列岛那边春夏之交盛产此物。到了夜晚，渔船灯火灿烂地向海面驰骋，朋友说，海风海浪里有腥味和激情，很性感。他还记得在渔船的灯光下，海面聚集的海蜒密密麻麻，一网下去，千万条小鱼嚓嚓地蹦跶！当地有支类似古代民谣的歌赞道——


不用瞎捞不用钩，生成半寸狎浮沤。

灯光射处丁沽集，取尽鱼儿万万头。


——"丁沽"就是指海蜒。它还有很多名字，如丁香鱼、烂鱼丁等等。因为季节性很强，且不易保存，一旦捕获海蜒，就得尽快上岸处理。朋友的奶奶是一把好手，她和姐妹们早已在码头支起临时锅灶，烧开水等待老公们满载而归。但，这个场景已经过去二十多年了……

2017年我看到一个视频，也是渔民捕捉海蜒的情景。但是，没有"取尽鱼儿万万头"的豪迈，只是几个男人用抄网在礁石边捕捞，一网大约几十条吧？相当寒碜。环境变了。袁枚将海蜒当小菜的时代，一去不复返矣。宁波名士全祖望有诗道——

一瓶蟹甲纯黄酱，千箸鱼头细海蜓。

——这也是袁枚尝过的味道。那时的大海如此慷慨，将今天名贵的"细桂"贡献给千万普通百姓家的餐桌，可能没人愿意用它蒸鸡蛋吧？因为我还记得餐厅蒸出来的鸡蛋里面，不过十来条 1 厘米长的"细桂"，可怜巴巴，哪有当小菜吃痛快呢？

回到朋友奶奶的锅灶边。幼小的海蜓们成筐登岸，被迅速抬到女人们身边。那时还年轻的奶奶用铲子小心将"细桂"抄进小篮子，浸入开水，几秒后拎出来，倒在竹席上晾着。如果当天太阳热烈，翌日就可以买卖了。

浙江海边人更喜欢用海蜓做汤。比较简单的做法一种是与紫菜同煮，加葱花、盐、油即可。但给我的感觉比较清淡。另一种民间吃法是用韭菜花拌海蜓，属于凉菜。先将海蜓蒸几分钟，变软后与韭菜花和葱油、盐同拌。但餐馆里面大多不用"细桂"，而是"粗桂"，与我当年将其当毛鱼蒸出的味道，有点类似。很遗憾。

因为曾经出产量极大，导致象山、宁波一带的海蜓驰名。其实福建连江那边的海蜓也不错。本地人称其为丁香鱼，自古有"夏节"来庆祝收获海蜓。其时立夏，正是海蜓繁殖期，人们将海蜓和米浆混成一种叫"锅边糊"的食物。可惜当今人们很少吃过，也打听不到其做法细节和味道了。

但海蜓在彼处似乎更有历史文化内涵。说的是明朝末年的大文人黄道周，曾治学于东山岛。某日来了位叫"无腹子"的渔夫，恳求黄先生收留，获许。因为天灾，他们受困孤岛。无腹子勇担重任，每天捕丁香鱼煮给黄先生吃。偶然一天，黄先生发现，无腹子竟然用腿当柴为他煮鱼！惊叫：你原来是神仙啊！无腹子大喜，道：叩谢圣人赐封！即成仙而去。据说丁香鱼就是那时出现在福建沿海的，文气香浓，非凡鱼也！

的确，海蜓的含脂量高达 26%~30%，是一般鱼的十倍。有人计算过，10 克海蜓的营养相当于一杯牛奶。此外，民间医生还将海蜓当药材，治疗慢性肠炎、肺结核等病。如此美好的小鱼儿，当进入人工养殖行业才对。一位山东人说，1965 年的老渔民见识过一网拉出海蜓 3.5 万斤的盛况，听着"如神话一般"。可惜那时候海蜓多而不贵；如今贵而不多，其反差令人遗憾。


波平风静火光明，海蜓齐来傍火行。

若共冬瓜同煮食，清于坡老鳖裙羹。


——一位清代的舟山文人赞海蜓的美味超过鳖裙。现在鳖也贵得很。鳖裙通常是给席间长者的。而过去的农村根本不愿将鳖端上大台面。当一盆蒸鸡蛋里面只有十来条海蜓的时候，所谓席间长者，身份其实降低了……

比海蜓蒸鸡蛋奢侈的，是海蜓炒花生米。每盘有二三十条吧？江浙沪那边人挺追捧这道菜。做法是用油和椒盐在猛火中简单翻炒一下。

也许袁枚所言的海蜇小菜，也包括了这一种吧？那种咸、鲜、脆、酥的口感，尤其令酒友们欣喜，每每为此浮一大白。

不过，有人说了，现在市场上的很多海蜇制品，其实是来自日本的银带鲱。显然，它们不是一种鱼，只是外貌相似罢了。我不了解银带鲱，也无从将其与海蜇比较优劣，但有一点需要指出：既然是日本小鱼，就不该拿来冒充中国的海蜇。同胞之间，何必欺骗呢？

# 乌鱼蛋

> 乌鱼蛋最鲜，最难服事。须河水滚透，撒沙去臊，再加鸡汤、蘑菇煨烂。龚云若司马家制之最精。(《随园食单》之"海鲜单")

也许袁枚不会亲自下厨，但他常常会兴致勃勃地在一旁，观看厨师清理各种原料，而乌鱼蛋（即墨鱼蛋、目鱼蛋）是其中比较难打理的一种。

当时的乌鱼蛋大约刚刚在餐桌上流行不久，因为其名字最早只见于《西石梁农圃便览》，作者丁宜曾是清朝初年山东日照人。后来人们普遍认为乌鱼蛋汤是鲁菜系的，估计正是与此有关。其实海边百姓对乌鱼蛋的钟爱，肯定很有历史了，只是因为常年作为一种简单下饭菜，不为内陆显贵们了解而已。

一位宁波土著回忆他小时候吃乌鱼蛋说，那就是狠狠地腌制一下，需要的时候，用点料酒、姜片和醋蘸着吃，非常咸，一顿饭"还吃不到两个墨鱼蛋，算是真正的'压饭榔头'"。可见民间对它的喜爱里，有省钱过日子的考虑。这可能就是它过去千百年在贵族文化中不那么知名的原因吧？

随着袁枚等一干名人的推崇，乌鱼蛋到了现代，已经身价翻倍了。所谓"钓鱼台台汤"，就是指"乌鱼蛋汤"。而这个外号是某位名人起的，源自一次国宴。稍早，程潜、章士钊等名流去丰泽园做客，也曾吃过乌鱼蛋汤，赞赏有加。而那时的北京街头，早已引进这道鲁菜。老饭庄泰丰楼曾用炸乌鱼蛋招待过晚清大员、巨富、名伶。有了这些人的口碑，乌鱼蛋想湮没在民间都不可能了。

袁枚说他吃的乌鱼蛋汤里加了鸡汤、蘑菇，这一点未必完全符合日照或宁波海边百姓的做法。各地人口味不同，可以用自己喜欢的或易得的材料配它，均不影响乌鱼蛋本身的鲜美。同一个乌鱼蛋蒸禽蛋，就有四种以上做法。有的加鸡蛋，有的加鸭蛋，有的加鲜虾，有的讲究蛋白、蛋黄不同时放……无论如何，所有的想象力都围绕着乌鱼蛋而已。

近年，江苏徐州市发现一首叙事诗《胡打算》，作者陈略是乾隆年间的本地人，中过进士。大家认为这首诗应该拿去"申遗"，因为它将那一带的所有重要美食，都编进去了，撷取两句如下——

> 银鱼鲍鱼和鱼肚，龙须凤尾乌鱼蛋。
> 鹿角鹿茸葛米仙，竹笋海公海带全。

——其中海味篇幅很长，乌鱼蛋也显耀其中，竟然与"龙须凤尾"相连。不知申遗是否成功？由此可见乌鱼蛋那会儿的身价已经很醒目了。现代人也有为乌鱼蛋汤配诗的：俯仰流连，疑是湖中别有天。这与清朝进士的赞美一脉相承。

沿着山东海岸线北上至天津，当年津门著名的"八大家"宅门菜中，总少不了乌鱼蛋汤。不过他们是拿它配螃蟹的。因为"食过螃蟹，有菜无味"，不用乌鱼蛋汤来垫底，这顿饭就不能尽兴。那意思是说，螃蟹之鲜都压不住乌鱼蛋汤之美。

曾经有过说法，高官在外面公干，若吃一碗乌鱼蛋汤，就会被指责为"搞特权"。这道菜竟然能从如此高度来审视？更衬托其美啊！美在何处呢？有经验的人士说，真正好的乌鱼蛋汤，经得起"三咂"——

一咂以酸为主，口感微辣；二咂辣味上来了，但还压不住酸；第三咂又酸又辣，正合口味。

估计一般厨师做不到这完美的"三咂"。因为连梁实秋这样的美食家文字中都没提过。他当年在国立青岛大学，与一帮男女教授结伙为"酒中八仙"，没事就去下馆子，第一次吃到"珍品乌鱼蛋"，虽然记了一笔，却无"三咂"之说。

有些美食，只能想象。没有那位好厨师，再好的材料也无法升华。很多时候，我们追求的鲜美，都是基于家常条件。我认为只要材料好，就可以降低一下欲望。比如，用干贝和乌鱼蛋相配，能达到鲜上加鲜的效果，即很妙。做法简单：干贝加汤蒸好捏成丝，乌鱼蛋撕成片，两者一起放进鸡汤里，加醋、胡椒粉，烧开勾芡即成。某种意义上说，好的材料也能造就好的厨师。

清人王士禄所作《忆菜子四首》中有道："饱饭兼鱼蛋，清樽点蟹胥。波人产鰒鱼，此事会怜渠。"这与康熙年间的《日照县志》所言遥相呼应："乌贼鱼口中有蛋，居海中八珍之一。"前者将蟹酱（蟹胥）、鲍鱼（鰒鱼）与乌鱼蛋并列，可谓高朋满座。蟹酱的最早记载是周代，而鲍鱼之名声就更不用说了。所以乌鱼蛋在清朝成为宫廷贡品，顺理成章。山东日照百姓曾经为此担负"天下重任"呢！因为当时认为那一带的乌鱼蛋最好，宁波以及以南的乌鱼蛋，还进不了紫禁城。

直到1964年的全国农业展览会，日照乌鱼蛋仍然声名显赫；1984

年和 1992 年，继续获得全国性奖章。但如此美好的乌鱼蛋，至今未能在内地城市普及。一方面可能是它的产量小，另一方面是内地人们大多没有尝过，对它也就没有特别好感。如果中药铺里能找到腌制的乌鱼蛋的话，或许对推广它有点帮助。因为古代医生们喜欢用乌鱼蛋配鸡内金、山楂等，治疗食欲不振、消化不良。对于嗜酒的人，乌鱼蛋汤也特别有帮助。

有趣的是，古代医生一度认为乌鱼蛋是雄性墨鱼的精子（鱼白），其实它是雌墨鱼的缠卵腺，因为形状像鸡蛋、鸽子蛋，而被称为乌鱼蛋。现代人经过检测，了解它富含很多有益的微量元素。作为一种美味健康的菜或中药，乌鱼蛋还真值得进一步开发呢。

# 江瑶柱

> 江瑶柱出宁波，治法与蚶、蛏同。其鲜脆在柱，故剖壳
> 时多弃少取。（《随园食单》之"海鲜单"）

江瑶与贻贝（淡菜）相似，只是体形巨大。这东西盛产于南方海域，北方海域除了渤海，就很少见。而袁枚所言的宁波江瑶，恰好处在两片海洋之间。

吃江瑶很浪费，大多取其闭合肌，也就是两块圆柱体，其他都扔掉了，诚为可惜。超市里卖的一粒粒干贝，就是它了，亦即袁枚说的"江瑶柱"。其实新鲜江瑶大部分肉都可以吃。但要有上等的刀工才好——贝肉切得薄如窗纸，在沸水中过一下，蘸醋、盐和蒜泥。这种吃法只有海边人享受了，袁枚那时在南京大概只能想象一下。用江瑶片与胡萝卜片、莴笋片同炒，味道也很好，且外观鲜艳。也有上豪用新鲜江瑶肉包饺子，我没尝过，不评论。

江瑶柱（干贝）的鲜美，其实无须用任何手段来烹调，直接扔一粒进嘴咀嚼，就很享受。有些不讲卫生的人，用它当花生米似的零食呢！也正是因此，历代文人对江瑶的赞美不绝于耳，袁枚甚至用它《仿元遗山论诗》——

盘飧别有江瑶柱，不在寻常食谱中。

之前苏轼也用江瑶柱玩通感。有人问他荔枝是什么东西，答曰"似江瑶柱"。其实江瑶柱的味道与荔枝差别大了，只能说用此鲜美不可方物的东西告诉对方——太好吃了！这个故事被后人收入"学诗方法论"之类的书中，应该说非常恰当。但问题是，很多没吃过江瑶柱的内陆人怎么能理解呢？

清人李调元著《南越笔记》，里面特别提及"江瑶以柱为珍，崖州者佳"。崖州可泛指海南岛。正是苏轼落魄时待过的地方。苏老先生曾作《江瑶柱传》说——

方其为席上之珍，风味蔼然。虽龙肝凤髓，有不及者。

——好似老先生吃过龙肝凤髓似的。诗人赞美一个东西时，其实并不可靠。但若很多诗人都赞美同一个东西，那就另当别论了。清人赵翼谈黄庭坚的诗时，像苏轼拿江瑶柱通感荔枝一样，说"鲁直（黄庭坚）诗文如蜣蜋、江瑶柱，格韵高绝"云云。这又把江瑶柱从餐桌抬到了文学殿堂正中间。

历来认为南方盛产江瑶，其实北方渤海地区也很多。天津人自古有这份口福，只不过他们自己不知道，因为他们把江瑶柱称为"海刺"——显然是个很贱的名字。一位文人特别赋诗批评道——

海鲜第一江瑶柱，恰被人呼海刺名。

我欲释名先品味，西施乳未较他赢。

　　天津的江瑶体形比南方海域出产的小一些。为了长久保存，他们很早就有将其制成干贝的习惯。随着江瑶柱身价越来越高，天津人也越来越会吃它了。饭店里用量大，通常是将其去筋洗净放盆内，加葱、姜、料酒，用水浸过，蒸透，晾后冷藏，随用随取。而且南方的很多菜品也被当地人研究得很透彻，芙蓉干贝、桂花干贝、干贝四丝等广见于大小馆子。

　　我个人偏好干贝四丝，还亲手试做过。因为步骤不复杂：将江瑶柱泡好捏烂成丝，再加鸡丝、海参丝、笋丝，与葱姜蒜等一起爆炒，即成。但真正的大厨会分开炒，我嫌麻烦。按照自己的做法，味道照样很好。

　　有一次，我在一家档次较高的饭店吃到扬州干丝，与以往不同，他们除了放大虾，还放了江瑶柱，味道奇鲜。有了江瑶柱的菜，总是好的。有人甚至将它与玉兰片匹配，见于《清稗类钞》，做法是——

　　取玉兰片浸久切片，以江瑶柱若干入碗中，加水及绍兴酒少许，蒸透，取出撕碎，与玉兰片同盛一锅，加入玉兰片之清汤及盐一撮，煮透即成。

　　我想袁枚肯定吃过。他的随园里，当不乏玉兰花的身影。每到初春，满树玉兰花怒放，最先惊动的可能不是袁枚的诗情，而是食欲……

　　有些人爱江瑶柱都到了狂热的地步，五代十国的常州文人毛胜著有《水族加恩簿》，将江瑶柱称为"玉柱仙君"。这位自称"天馋居士"的可爱文人，给很多食物封过名号。

江上分来三寸瑶，殷勤海若道寒潮。

尽将马甲深深锁，好把鸾刀款款挑。

楛酒怪来星不醉，杯羹元是雪难消。

若将陈紫同时赏，饮罢身端在沇瀴。

——宋代陈宓似趁着酒意，专门赋诗一首《江瑶柱》。江瑶柱鲜美的影响力一直绵延到现代文人梁实秋。梁先生说他在美国也吃过江瑶柱，但美国人对食物没有宽阔的想象力，居然只会用面裹了油炸！虽然美国的江瑶柱体形很大，吃起来也很嫩，却没有中国的鲜，且回味悠长。梁实秋母亲一个人的想象力，或许可抵全美国的厨师呢！且看她的一道私家菜——

"我母亲做干贝，捡其大小适度而匀称者，垫以火腿片、冬笋片，及二寸来长的大干虾米若干个，装在一大碗里，注入上好绍兴酒，上笼屉蒸二小时……"

想想都流口水啊……也不知目前的饭店里是否有这种做法？

美味对人的诱惑力，可以淡化"尊严"。传说，会稽文人王笠舫去拜访太守，恰好太守刚收到一些江瑶柱，就开玩笑说：如果你能用"馋"字韵为它赋诗，我就用它做菜与你喝一杯。王笠舫当即成诗，其中有警句"升沈一柱观，阘癖两当衫"。太守大赞。

古代中医认为江瑶柱有滋阴补肾、调中消食功效，但儿童和痛风患者忌吃。现代人为一口美食，大多不在意这些。江瑶的自然产量越来越少，市面上的干贝价格比较高，内陆百姓并不流行吃它。其好与坏似乎也没很大影响。

　　据大连长海县的渔民说，当地潜水员下海捕捞江瑶，已经很费劲了。现在一些海边人已经开始研究人工养殖，并在部分地区取得成功。所以，如果市面上江瑶柱（干贝）很多且价格便宜的话，大家得小心，因为它也许是鱼胶、石花菜、海发菜等加工配制的，虽然无毒，味道却远远不能与真正的江瑶相比。

# 蛎　黄

> 蛎黄生石子上。壳与石子胶粘不分。剥肉作羹，与蚶、
> 蛤相似。一名鬼眼，乐清、奉化两县土产，别地所无。（《随
> 园食单》之"海鲜单"）

不确定袁枚所言之蛎黄，是大如生蚝者，还是那种海边礁石丛生的小牡蛎？不过，按照袁枚的身份，应该吃得起最大的牡蛎——生蚝。但有一点他说错了——"乐清、奉化两县土产，别地所无"。因为全世界的牡蛎有一百多种。

清人屈大均在《广东新语》中专门谈过"蚝"，指出腌制的生蚝谓之蛎黄。但追捧牡蛎的人，通常不认它，那种新鲜美味只有活生生的普通牡蛎和大生蚝们才有。日本街头有售超过人手掌大的生蚝。当场撬开，年轻女子单手捧着，得分好几口才能吃掉，像喝豆腐脑。有的人会添加一点调料，但大多是直接生吞。

我也曾生吞过牡蛎，很小的那种。是2006年夏天在广西北海一处偏僻海岸。当时旅游大巴临时停靠，我散步至海边礁石，遇到一位农妇，正用小刀对着礁石捣来捣去。我很好奇，近前细看——原来是撬开石

头上的一种凸起物，然后从中挑出一点肉，放进搪瓷盆里。我问那是啥？她回答的土话听不懂。又问能吃否？她笑了，当即挑一粒肉给我，示意尝尝。我犹疑。农妇笑眯眯地自己吃了，然后再挑一粒给我……我立即拈进嘴——果然鲜美！

作为"下八珍"之一，生蚝（蛎黄）与海参、干贝等排列在一起。老祖宗们很早就将其视为宝贝。传说宋代皇帝喜欢一种御用酒"玉液春"，里面就有牡蛎配方。其实管这酒叫"春药"似乎更恰当，因为古代医生普遍认为生蚝能"补肾正气""滋阴潜阳""养血强壮"等，男女通用，尤其对男性有益。

莎士比亚有句戏言，谁拥有牡蛎，谁就拥有世界。其实是有根据的。因为生蚝在《圣经》中被誉为"海之神力"。不但中国古人用其补精壮阳，法国拿破仑也坦言"生蚝是我征服女人和敌人的最佳食品"。这一来，生蚝或牡蛎或蛎黄，就成了全世界男人的通用伟哥了。历代都有显要人物赞美它，吹捧它，最露骨的是18世纪意大利风流才子贾科莫·卡萨诺瓦，他说自己之所以曾与122位美女相好，只是因为每天生吞她们胸脯上放的50只生蚝罢了……看来牡蛎、生蚝的确能增进男性的力量。若非得与卡萨诺瓦较量一下，得请巴尔扎克到场，他老人家曾在一天内吃掉144只生蚝！注意了，巴尔扎克虽然一辈子穷困潦倒，却不忘追求俄罗斯贵妇。我手头就有一本他写给贵妇的情书集。

袁枚用蛎黄"剥肉作羹"，这不是令热爱生蚝者敬仰的吃法。但我很理解袁枚，因为我也喜欢"海蛎子豆腐汤"。毕竟都是文明人，何必非得生吞活剥呢？清朝顺治年间浙江按察使宋琬咏《蛎黄》道——

> 悬崖簇簇缀蜂房，
>
> 醒酒偏宜子母汤。
>
> 何物与君堪娣姒，
>
> 江瑶风味略相当。

——诗中"蜂房"是指海边悬崖、礁石上密密麻麻的牡蛎壳，看来他所见并非大生蚝。不过，其做汤之鲜，也只有江瑶（干贝）能媲美。那时代的人们，已经有很多关于蛎黄的吃法，仅光绪年间的福建人郭柏苍在《海错百一录》中，就有炭烧、生食、油炮、腌制等手段。

中国有个盛产生蚝的地方在珠江口，尤以沙井村为著名。我在电视上多次见过他们用生蚝壳子垒的墙，而且有些墙还是清代的。据说他们宋朝的祖先就这么做了。

如此美妙的海味，也蕴含着危险。来自美国的研究显示，牡蛎、生蚝"含有两种破坏力极大的病原体：诺罗病毒和霍乱弧菌"。尤其后者，可能导致败血症。但目前似乎还没有在中国食客中发生过，但愿这说法只是耸人听闻，当然还是小心为妙。

来自日本的说法比美国好听多了，牡蛎是"根之源"。这又回到了春药、伟哥的话题中。又说牡蛎是"美容圣品"，则主要针对女性。

这一点体现在食用牡蛎可以防止皮肤干燥，促进其新陈代谢，还能分解黑色素。此说可能不虚，因为宋美龄女士当年也喜欢吃牡蛎养颜。民间曾经猜测她是用牛奶洗澡呢！作为一位虔诚的基督徒，宋美龄不可能那样暴殄天物。

牡蛎、生蚝也有季节性。渔民认为最好的牡蛎是——"冬至到清明，蚝肉肥晶晶"。我家附近的美食城，夏天也有烤生蚝的，食客如云。若他们懂得这个道理，就该忍一忍。

这种挺原始的动物，还有一点令人惊诧：它们一岁的时候，是"男性"，两三岁后，就变成"女性"。也就是说，它们先贡献精子，后来就贡献卵子。身份变换如此之大，比雌雄同体的蚯蚓、蜗牛等动物还神奇。

为了弘扬鲜美味道，人们对养殖生蚝已经研究得很深了。中国海岸线上诸多养殖基地，每年收获甚丰。我很羡慕一些电视台记者跑去采访养殖户，能顺便免费大嘬生蚝三百克。当渔民将长绳、长笼从海水里提出来时，生蚝们安静地固着在上面，随手挑一个最大的敲下来，那真是满心的喜悦和期待啊……


入市子鱼贵，堆盘牡蛎鲜。
山僧惯蔬食，清坐莫流涎。


——南宋诗人戴复古说。这是一种简单吃法，煮过就端上餐桌。不过海鲜烹制大多是越简单越好。

也有别出心裁者，用牡蛎蒸米饭，是我从未吃过的，不妨在此留个记号：大致方法是把牡蛎肉放进已经将饭蒸熟的锅里，再蒸一会儿，然后揭开，抄出拌作料吃。这也许是一种很鲜的饭吧？但牡蛎的鲜味进入饭中，它自身还有啥呢？还不如将牡蛎肉穿起来，直接在火锅里涮呢！

# "水族有鳞单"杂记

# 边　鱼

　　边鱼活者，加酒、秋油蒸之。玉色为度。一作呆白色，则肉老而味变矣。并须盖好，不可受锅盖上之水气。临起加香蕈、笋尖。或用酒煎亦佳；用酒不用水，号"假鲥鱼"。(《随园食单》之"水族有鳞单")


　　食客的荣誉心，不允许他面对《随园食单》中谈到的"边鱼"时，在生活中不能准确地指出对应物。朋友把这个条目拿给我看，也只有六十来字，说的是烹制方法，至于什么是"边鱼"，袁枚根本没有细说。

　　合肥的街市常见一种雅名为"武昌鱼"、俗名为"大鳊花"的东西，往往和鲫鱼们混放在一个大盆中养着卖。据说这就是袁枚所记载的"边鱼"。但我认为不十分可靠，毕竟袁枚是在 250 年前的南京写了那本著名的食单，而南京离合肥一百多公里，口音相差十分明显，物种难道就一定没有区别吗？尤其是长江从它身边流过，即便是同一种鱼，因为生活的水域不同，长的样子可能就会有差异，味道也就跟着略显高低。比如我小时候所见的鲫鱼：大水库里的鲫鱼往往泛白色，肉嫩一些，味道鲜美一些；而小池塘里的鲫鱼，就泛黑色，口感不如水库里的鲫鱼。

当然，如此推想有点钻牛角尖了，其实鳊鱼（边鱼）的名声在一般民众心目中，影响力要远远高于大才子袁枚。他们也未必打算按照《随园食单》里的做法，去整治一条鳊鱼。吃东西对于大多数人，只是为了活着，哪能像袁枚那样追求什么境界呢？"食"与"美食"的区别就在这里了。比如袁枚说："不可受锅盖上之水气。临起加香蕈、笋尖。"——当代老百姓是否会问：这是烹制鳊鱼吗？是呵护鳊鱼吧！毕竟大家的生活，已经不再有古典的从容了。在一切都飞速变化的时代，"快餐"这个词，甚至从饮食业蔓延到很多事物上了。

所以，我能够理解自己为什么不喜欢吃鳊鱼——这个时代不允许美食大范围存在。首先，我们的鳊鱼可能是来自饲养池的，你不知道它体内是否蕴藏着现代化学知识。一位生活在广州的朋友说，他惊喜地买回一条久仰的鳊鱼，结果烧好后，总是吃出煤油的味道；其次，我们的厨师即便是五星级酒店里的高手，因为每天应付的食客很多，也可能没时间关注"锅盖上的水气"；再次，袁枚时代的锅盖，与我们今天的锅盖，可能也没得比较；最后，比起用木柴做燃料，我们今天烹制一条鳊鱼，是用煤气灶呢，还是用煤气灶呢？！

所以，谈古代美食，是件很奢侈的事情。即便燃料一项，就能在"火候"问题上给我们造一道坎。而袁枚又没有像德国人那样精确地告诉我们，烧一条 2 斤重的鳊鱼需要多少热量的介入。他仅仅用六十来字告诉我们：这是一种好吃的鱼。类似的模糊说法有很多，比如孟浩然的《檀溪别业》：

梅花残腊月，柳色半春天。

鸟泊随阳雁，鱼藏缩项鳊。

——"缩项鳊"就是鳊鱼，也叫"槎头缩项鳊"。这是古时候襄阳那一带的叫法。但比起今天人们说的"武昌鱼"，名字还不够响亮。武昌鱼作为鳊鱼的一种，像阳澄湖大闸蟹一样，生活在一个特定的地域。《武昌县志》说："鲂，即鳊鱼，又称缩项鳊，产樊口者甲天下。"那时候它也不叫武昌鱼，至少孟浩然时代还呼为"缩项鳊"。从名字即可看出，这鱼的面貌多少有些猥琐。袁枚叫它"边鱼"，我们只能从"边"联系到"扁"，进而为"鳊鱼"。孟浩然竟在诗中用了"梅""月""柳""春""雁"等美好的词语，最终都是为了陪衬"缩项鳊"，这一通联想如此广阔，令人对鳊鱼心生美好印象。

所以，某种意义上说，古代诗人近似今天的摄影师：同一个女人，站在东边能拍出个东施来；换个角度从西边拍，或许又能展现西施的风采。"梅""月""柳""春""雁"，将"缩项鳊"的猥琐形态遮掩得一干二净，仿照村上春树那一问就是："当我们谈缩项鳊时我们谈些什么？"答曰："诗。"

樊口的武昌鱼虽然属鳊鱼一类，但号称"甲天下"，肯定并非袁枚在南京吃过的那种。两粒麦子扔进肥沃程度不一的土壤，收获会有异。难道南京一带的鳊鱼与武昌鱼味道区别很大？我猜测：不会吧？难道樊口的馒头与南京的大馍味道很不一样？既然诗人能用唐朝的照相机把东施拍成西施，那么夸夸一条家乡的鱼，似乎也在情理之中。

这里，我发现汪曾祺曾说过："我的家乡富水产。鱼之中名贵的是鳊鱼、白鱼（尤重翘嘴白）、鲇花鱼（即鳜鱼），谓之'鳊、白、鲇'……"那么，根据汪老先生的记忆，鳊鱼在江苏高邮那一带的地位，应该与其在樊口人心目中差不多。三种"鱼中之名贵"者，"鳊"排在第一！而高邮的鳊鱼和袁枚在南京吃的鳊鱼，因为地域上太近，所以差别绝不会很大。由此，我渐渐信任了袁枚。

我怀疑的是时代——通过鳊鱼，那位广州朋友能从鳊鱼中吃出煤油的味道，绝不是因为大自然的幽默感。有诗为证："土风无缟纻，乡味有槎头。"作者依旧是孟浩然。"槎头"就是指"槎头缩项鳊"。在老先生记忆中的家乡，此味深植脑海，可见其美。那时候是没有煤油的，大自然一本正经地生长各种天然的物种，鳊鱼也不会以煤油味伤害任何人的感情。

"南有嘉鱼"，"其鱼鲂"，这都是在说鳊鱼。《诗经》没有记载烹调之法，但这不构成遗憾，因为那个时代的单纯和简洁，我们再难以模仿。即便离我们很近的随园，也有250多年的路程，在探寻途中，我们必须揭开文化的迷雾。不过，我们可以通过《诗经》的意境，来想象鳊鱼的味道——

无垠的绿草红花里，掩映着潺潺小溪。那位正在浣纱的女郎，只用空竹篮轻轻一舀，肥美的鲂（鳊鱼）活蹦乱跳的声音、鳊鱼的鲜美即充盈在耳边心上。将美味与文化联系，是人类的特权，而《诗经》中的"鲂"，担负了"佐料"的任务，这并没有不敬之意。鳊鱼常常入诗，出现在很多文人骚客笔下。有一年苏东坡路过襄阳，赋诗曰：

晓日照江水，游鱼似玉瓶。

谁言解缩项，贪饵每遭烹。

杜老当年意，临流忆孟生。

吾今又悲子，辍箸涕纵横。


——众所周知，苏东坡是美食家中的重磅人物。"东坡肉"安在他的名下，不是没有原因的。这次写诗提到鳊鱼，只是为了怀想杜甫和孟浩然，但其中"游鱼似玉瓶"一句，将"缩项"的鳊鱼，夸成了高洁之物，可见东坡先生对鳊鱼的好印象，不亚于孟浩然等一干人。而这份印象，必然来自味蕾。以袁枚的心性见识，必然比我们更了解古代文人对鳊鱼的赞词，所以，他将"边鱼"列在"水族有鳞单"的第一条。从诗到菜的距离有多远？大约也就隔着一条鳊鱼吧！与袁枚时代相近的诗人王士祯有言：

新钓槎头缩项鳊，楚姬玉手脍红鲜。

万山潭水清如昨，只忆襄阳孟浩然。


——襄阳、鳊鱼、孟浩然，同时出现，并且是历代诸多诗人的集体记忆。鳊鱼俨然跻身于"文化符号"之林。如果襄阳不产鳊鱼，如果鳊鱼不那么美味，当不会有孟浩然的关注和宣扬，那么，后人也就不会因为孟浩然，而牢固地记住鳊鱼以及襄阳。这其中的连环关系很明显。我们由此看到，诗无论作为文化本身，还是作为文化的"黏合剂"，都力量巨大。鳊鱼之所以入诗，美味当是第一推动力——推动诗人，进而推动文化。

　　所以，文化不是十分严肃的词儿。钱钟书甚至说："大抵学问是荒江野老屋中二三素心人商量培养之事……"内里的轻松、淡然，表现为"素心"的超脱感。荒江野老们屋外，除了有闲云野鹤在徜徉，可能还有鳊鱼在游呢！野老们的筷子伸向鳊鱼的时候，如果将其定格，然后再将苏东坡、孟浩然、袁枚们品鱼那一刻的姿态集合到一起，那就构成一道有关鳊鱼的文化大餐了。他们吃出的文化，可以让后人跟着继续"吃"下去。这就是传承。

　　有人统计说，古籍中关于鳊鱼的诗文达数百处。这是鳊鱼用生命换来的荣耀。不仅普通百姓喜欢它，连皇帝们也对其念念不忘。一千五百多年前的齐高帝萧道成，就曾命令襄阳刺史张敬儿进贡此鱼。张敬儿因为献1600尾活鱼"有功"，再加上能力出众，被封为车骑将军。可见，鳊鱼对当时政治、军事的影响力，当不亚于一个佞臣。

　　之后的明英宗朱祁镇，也在表达对臣下的爱意时，提及鳊鱼——"适情细脍槎头鳊，洽欢满泛宜城酒"；还有"放船钓取槎头鳊，剩沽白酒宁论钱"。从中可见一种闲情逸致，或许是安抚、问候一位退休的老臣吧？鲜鱼加美酒，是他建议的最好的生活享受。以帝王的九五之尊，来谈鱼和酒，其关怀可谓"无微不至"。而真正领会明英宗教导的，可能要数下一个朝代的袁枚了……

　　三十三岁，因父亲亡故而辞官养母，只有袁枚能做得出来。那正是年轻气盛之时，不图叱咤风云，却在南京购买一座废园，加以整修，名为"随园"，然后，烹鱼。其中落差有多大呀！不急流勇进，反退而守园，此行为有近于"缩项鳊"吧？是不是东坡诗中"谁言解缩项，贪饵每遭烹"点拨了他呢？吃盘子里的"缩项鳊"，与在江湖上当一条"缩项鳊"，哪个更安全呢？显然前者。

所以，当袁枚谈"边鱼"的时候，真的，是在谈诗。有形的诗在纸上，无形的诗在生活中。比如，袁枚特别提到的"锅盖""香蕈""笋尖"，正是这些成就了他生活的满足与幸福。有一年春节，《国家地理》节目向民众推荐鳊鱼说："宜清蒸、红烧、油焖、花酿，但尤以清蒸为最佳。"这又将袁枚的做法扩展了很多。而鳊鱼出现在春节的电视中，无非为了想方设法使大家的生活再丰富一些。对于老百姓而言，这就近乎"诗"了吧？

我在写这篇文章的时候，正值农历八月中秋。按照江南老人们的"吃鱼时间表"来看，已经过了烹制鳊鱼的最好时光——正月菜花鲈、二月刀鱼、三月鳜鱼、四月鲥鱼、五月白鱼、六月鳊鱼、七月鳗鱼、八月鲃鱼、九月鲫鱼、十月草鱼、十一月鲢鱼、十二月青鱼——农历六月，鳊鱼正当肥美，正是我们处于火烧火燎的时候，空调室里弥散着懒洋洋的气氛，食欲也不够振作，未必能想起鳊鱼。这在袁枚看来，必定可惜。因为《本草纲目》中的鳊鱼，不仅仅是一道菜，更是药膳，能够调治脾胃、脏腑。

身为中国人，其实我们对自身的历史文化很淡漠。一条鳊鱼从历史深处游来，牵带着诸多典籍里的诗、文和人，但通常我们只见鳊鱼而不及其余。原因可能在于很多典籍不像《随园食单》这么相对"实用"。而即便《随园食单》这样相对"实用"的古书，又有多少人真正翻过呢？

悠闲的鳊鱼不考虑这些，它无论在水中，还是在典籍里，对于人而言，本质上都是一道菜。这道菜的文化含量虽然很高，但无法像它富含的营养成分一样，顺利地、经常地进入我们的身体。这是一个错误。但错不在鱼，而在人。我们的嘴巴应该供应我们的头脑——至少笔者对自己怀有这样的期望。从《随园食单》中的鳊鱼谈起，沿历史长河前行，找到失落的文化记忆，不失为一桩乐事。

# 鲫　鱼

　　鲫鱼先要善买。择其扁身而带白色者，其肉嫩而松；熟
后一提，肉即卸骨而下。黑脊浑身者，崛强槎丫，鱼中之喇子也，
断不可食。照边鱼蒸法，最佳。其次煎吃亦妙。拆肉下可以
作羹。通州人能煨之，骨尾俱酥，号"酥鱼"，利小儿食。
然总不如蒸食之得真味也。六合龙池出者，愈大愈嫩，亦奇。
蒸时用酒不用水，稍稍用糖以起其鲜。以鱼之小大，酌量秋油、
酒之多寡。（《随园食单》之"水族有鳞单"）


　　袁枚先生首选"蒸"，来对一条鲫鱼表达欣赏之情。他指出："照
边鱼蒸法，最佳。"以笔者的童年记忆来看，除了一个上好的蒸锅，
还需要一个黄盘。所谓黄盘，乃合肥老土著的叫法，那是陶土刷釉烧
制出的一种并不好看的盘子。它呈褐红色，与泥土的颜色近似。盘子
里面因为刷釉而比较光滑，但盘子外体沙沙的，有些磨手。如果你偶
尔能在乡村集市上看到这种盘子，那么它很可能正和陶制的尿壶并肩
屹立——它们是同一种泥土烧制的，只是外形构造不同罢了，本质上
是亲兄弟。但正是这种不起眼的盘子，最能保持蒸鱼、蒸肉的鲜美——

也许因为它更近乎天然吧？与现代科技生产的瓷盘相比，它因为工艺简单朴素而令人觉得亲切。那种简单朴素直接渗入鱼肉，进而惊艳我们的味蕾。

当年的江宁（今南京）必定有这种黄盘，袁枚所感受的蒸鲫鱼之鲜美，应与我童年的记忆接近。共同的感受使我觉得古人离我们并不遥远。或许饮食文化是我们穿越时空的工具之一，它的凝聚力足以将一切相关或貌似不相关的事物联系起来，驰骋世界，纵横千年。一切思维游戏最终都是以它为原点吧？我甚至觉得饮食文化是一切文化的守护神，一旦它变异、没落，其他都会成为空中楼阁。比如相对于黄盘，现代科技生产的瓷盘，就不像那回事，至少表现在了蒸鲫鱼上。

一条鲫鱼的美味不仅需要蒸锅来容纳，还需要黄盘来展现。就像红花需要长在枝丫上，宜有绿叶围绕。作为最古老而恒久的景色，红花绿叶是不可分离的，一如夫妻。古代中国，鲫鱼的重要性竟然深入洞房。《仪礼·士昏（婚）礼》中有载：古时候结婚，礼毕要吃鲋鱼。道理何在呢？《本草纲目》中解释："鲫鱼旅行，以相即也，固谓之'鲫'；以相附也，故谓之'鲋'。"——这是把男女的相依偎，看作鲫鱼一样结伴而游了，生动且活泼。大自然给我们祖先的生活提供无限的想象素材，鲫鱼人性化就是一例。这个比起西方名画中裸体男女的脉脉凝视，更有象征意义，也更有多一层委婉情趣。

说到这里，就不能不回避一下袁枚了，因为他老人家蒸锅里的温度，会融化爱情的。我们改谈煨罐吧？煨罐对应小火，小火慢炖的滋味应该是爱情的正味。我就不太相信什么一见钟情哟！袁枚说："通州人能煨之，骨尾俱酥，号'酥鱼'……"通州就是今天的南通。1991年冬，我随父亲仓皇地从南京乘汽车去南通求人办事，整整耗费两天时间，不堪回首。现在回忆，相当可惜，按说我们当时应该静下心来，找个地方吃煨罐里的鲫鱼才好。"酥鱼"之酥，似乎能与爱情挂钩——尤其是人类爱情的开端，除了大脑神经系统设计的心跳加速，就是手触手时皮肤的"酥"感了。这一点，是不是像吃煨罐里的鲫鱼？也难确定，可以确定的就是那爱情的味儿，应该与煨罐里漂游的鲜美差不多吧？

从煨罐和蒸锅的区别，我们似乎能看出袁枚性格中的超脱——前者是现实主义的，后者是浪漫主义的。我认为，真正的浪漫主义与爱情无关，而所谓浪漫的爱情，往往内里是深刻的现实主义呢！以袁枚的见识和眼光，他会达观地抛弃尘俗的一切浪漫，而直接进入另一层次、另一空间的浪漫，这是达观主义的浪漫，是不受拘束的真正的非物质浪漫。比如他给亲姐姐写的诗——

六旬谁把小名呼？阿姊还能认故吾。

见面犹疑慈母在，徐行全赖外孙扶。

当前共坐人如梦，此后重逢事恐无。

留住白头谈旧话，千金一刻对西湖。

——生命在此是不是有蒸锅里鲫鱼的感觉？绝望而鲜美。他因为看得透，而吃得香。他不受束缚，因为他不是一般的美食家，不被食物带动整体，他享受蒸锅和鲫鱼的时候，灵魂可能并不总是在现场。这种人与咱凡人相比，活得有些"飘"，不会挂碍很多。

与袁枚的灵魂在一个层面的人不可胜数，比如南朝谢灵运。《青田志》记载谢先生一个故事，肯定是杜撰的，但表现力尚可——说他在永嘉的时候，游石门洞，来到沐鹤溪，遇见两个美女正在浣纱。谢先生当场赋顺口溜一首："我是谢康乐，一箭射双鹤。试问浣纱娘，箭从何处落？"当然，美女们不认识谢灵运，置其轻浮于不理。才子又出顺口溜："浣纱谁氏女？香汗湿新雨。对人默无言，何自甘良苦？"二位美女恼了，随口答曰："我是潭中鲫，暂出溪头食。食罢自还潭，云踪何处觅？"然后，美女们猛然消失了。这故事有点聊斋味道，目的是把鲫鱼和文人、美女联系起来，以抬高其身价乃至该地区的影响力。袁枚当然不会赞同这个故事，因为他的灵魂必定与谢灵运等一干人对话多年，对美的态度不会那么小市民化。另外，鲫鱼化美女，他的蒸锅和煨罐们也不答应啊！

与袁枚可称同道的皇帝有唐玄宗，史书明确记载他"酷嗜鲫鱼脍"，甚至把洞庭湖的大鲫鱼养在长安景龙池中，"以鲫为脍，日以游宴"。帝王家的蒸锅和煨罐，有多大？在我猜测中，应该不会与其地位成正比吧？味蕾的功能是相同的。所以，唐玄宗应该不会苛求厨师用金子打造蒸锅和煨罐，去遮蔽鲫鱼的光辉。最好还是用我们合肥老土著推荐的黄盘去蒸。因为面对一条鲫鱼，无论皇帝还是庶民，都得老老实实为妙，否则它不给你好吃。

大唐开国功臣尉迟敬德也与鲫鱼纠缠不清，传说"籴汤鲫鱼"就是他发明的。晚年他被封鄂国公，筑"乾明殿"于竟陵西湖，似乎就是奔着彼处的鲫鱼而去。诸位，尉迟敬德和秦琼作为门神，在我们祖先的屋外站了多少年？连门神都不放过鲫鱼的味道，或许我们可以联想到大力水手那一罐罐菠菜的力量，应该与鲫鱼有得一比吧？

　　郑板桥的朋友、另一位"扬州八怪"——画家李鱓，有一次从山东到郑家饮酒，得尝鲫鱼汤，喜不自禁——

　　　　作官山东十一年，不知湖上鲫鱼鲜。

　　　　今朝尝得君家味，一勺清汤胜万钱。

　　鲫鱼的面子在此有文化上的意义，你尽可以不尊敬它，但要包容它，至少不能将其排除在宴会之外吧？难道今天我们竟然不如唐朝的开放性和包容性吗？请看唐朝杨晔先生在《膳夫经》的排位："鲙莫先于鲫鱼，鳊、鲂、鲷、鲈次之。"鲈鱼本属鱼中骄子，在此却被鲫鱼远远甩到最后。这个排位与"一勺清汤胜万钱"的诗句，是很和谐的。

　　为了鲫鱼的尊严，我们还可以邀请中医来作证。李时珍说："鲫喜偎泥，不食杂物，故能补胃。冬月肉厚子多，其味尤美。"——请注意"补胃"这个词。当代人的胃除了具有饭桶的功能，还是一所繁忙的化学实验室，对此我们应该能够"胃照不宣"吧？而这所实验室却没有古代炼丹家丹炉的耐受性——炼丹家是明明白白吃砒霜的，而我们可能是在广告的怂恿下稀里糊涂吞进诸多化工品。这时，我们尤其应该向鲫鱼致敬——它给我们"补胃"来了。

在此，袁枚的忠告是："鲫鱼先要善买。择其扁身而带白色者，其肉嫩而松；熟后一提，肉即卸骨而下。黑脊浑身者，崛强槎枒，鱼中之喇子也，断不可食。"当然，袁枚首先考虑的是好不好吃，与胃无关；但我们在他的留言中可看到：身子扁、泛点白色的鲫鱼，肉最鲜嫩，而泛黑色的鲫鱼，刺多而乱，是鲫鱼中的"喇子"，也即流氓、土匪、小混混之类，品质相当差。不过，袁枚的经验可能具有地方性，也不是所有泛黑色的鲫鱼都不好吃吧？毕竟其品种很多啊。无论如何，鲫鱼补胃功能是确定的，就行了。

如果我们被李时珍局限住，那就可惜了。《唐本草》说鲫鱼："合莼作羹，主胃弱不下食；作鲙，主久赤白痢。"《滇南本草》又说鲫鱼："和五脏，通血脉，消积。"《本经逢原》还提到鲫鱼鳞片有止血功能呢！至于用鲫鱼给新妈妈们催乳，更是在民间流传数千年好土方。总之，在中医眼中，鲫鱼非鱼，而是游离在药柜之外的一味功能颇多的药。以上我只举例少许而已。再看一个刺激的，如何刮骨取牙："鲫鱼一个，去肠，入砒在内，露于阴地，待有霜刮下，瓶收。以针挑开牙根，点少许，咳嗽自落……"我没有验证过此法，但很希望专家们注意分辨研究。在现代医院拔一颗牙，我们能遇见类似电工、木匠用的器具，与这个法子相比，我觉得现代人技术倒退了，你想想啊，一声咳嗽就能把坏牙"拔"了，是多么诗意！原本要命的事情，被鲫鱼制作的方子，化解成那缥缈的小提琴的声音。

让我们反思吧……去淇河边静静地坐着，像《诗经》所建议的：

"籊籊竹竿，以钓于淇。"全诗的原意是说一位女子远嫁他乡，很思念淇河边的家和亲人；但自从我获悉淇河鲫鱼成为河南省珍奇水生动物之后，就私下里把这首诗的情景，想象为先秦人们的钓鱼活动了。我的根据是：生态环境在变，而味蕾千古不变。《诗经》那时代没有"珍稀动物"概念，大家和睦相处、自由繁衍，钓一条鲫鱼咋会犯法呢？而今天，淇河号称"河南唯一一条不受任何污染的河流"，这是鲫鱼的荣幸呢，还是人类的悲哀？临淇河而羡鲫鱼，却没有退而结网的胆量，真是，折磨啊！《随园食单》在此失去了意义，袁枚也将不是完整意义上的袁枚了。你看，鲫鱼的影响力！

当代环境不会造就第二位袁枚先生了，我们或许可以从中悟出普遍联系的哲学道理。针对蒸锅和煨罐的想象力，也得有类似鲫鱼这样的原料做基础啊。好在淇河鲫鱼只是一个小种类，它的兴衰不代表整个家族，否则，我们的餐桌将何等萧条！不妨去大宋王朝听听梅尧臣的声音——

> 昔尝得圆鲫，留待故人食。
>
> 今君远赠之，故人大河北。
>
> 欲脍无庖人，欲寄无鸟翼。
>
> 放之已不活，烹煮费薪棘。

——这是他对多年不见的好友欧阳修的思念。以鲫鱼为依托，期待故人的光临。美味总是和亲情、友情、爱情紧密相连，它是滋养人类情感的主要物质手段之一。历代名家们回忆美食时，无不表达出对人、对事、对物的深深依恋，这是一种类似音乐的无须解释的共通感觉吧？想必伟大如贝多芬、肖邦、莫扎特这样的音乐家，也会像我们一样，坐在圆桌边，领会蒸锅和煨罐演奏的乐章吧？鲫鱼就是其间的音符。

袁枚及其《随园食单》，犹如作曲家和乐谱的关系。当我翻开这本古籍的时候，一如雨后的天空刹那间迸发出千道阳光——它们领着我一路飞扬，伴着竹笛和钢琴，在味觉、视觉和听觉的共同演绎下，感受那个世界里古老永恒的文化。


附记——


大约 2013 年 9 月初的一天早上，妻带我去菜市，买回一袋小鲫鱼，其中十来条还活着。我将它们挑出来，放入楼下池塘。然后就没继续关注。

一个半月后的早晨，我站在阳台看池塘金鱼，发现不少黑背鱼在欢快地玩耍，那一定就是我放的小鲫鱼吧！它们有两种情况：一种是和同类排成队，忽浮忽沉，忽左忽右；另一种是和小金鱼们结团厮混。总之，场面很有趣，很和谐。我看着心生喜悦。这也是我没料到的结果。

很小的时候，我随父母住在一个清代遗留的地主庄园里，周边有一道壕沟围着。父亲偶然得到一只乌龟，说要放生，然后在龟肚子甲板上刻字——是为我祈长命百岁的。父亲于 2008 年底去世，62 岁，离百岁还有 38 年，我一直不能释怀。我从未给父亲放生过什么，亦未以此为他祈祷。但看到这些快乐的鲫鱼，我还是想对上天说：希望这些快乐的鲫鱼，能给我父亲带去快乐。

# 白　鱼

　　白鱼肉最细。用糟鲥鱼同蒸之，最佳。或冬日微腌，加酒酿糟二日，亦佳。余在江中得网起活者，用酒蒸食，美不可言。糟之最佳；不可太久，久则肉木矣。（《随园食单》之"水族有鳞单"）

　　我食白鱼无数，还从未被它的刺卡过。原因是白鱼刺大多细而软，咀嚼着一不小心就当肉吞下去了。所以白鱼刺是世界上最厚道的刺。

　　要说白鱼这东西，在水中属于猛兽一类，小鱼虾昆虫构成它的主要食物，这就是导致袁枚认为"白鱼肉最细"的原因。"细皮嫩肉"在人间一般指富贵者，在水世界大概只有白鱼胜任。富贵者通常也被蔑称为"肉食者"，那么白鱼在水世界也算富贵者喽？值得敬佩的是，白鱼个性刚烈，出水即死，绝不像某些庸庸碌碌的鱼那样，在菜市的盆子里浑浑噩噩地甩尾巴。

　　很长时间里，我们都无法人工饲养白鱼。做梦都别想将它挪个窝到玻璃缸里当会动的图画来欣赏，它根本不认为自己是艺术品，它宁愿当自然界的采花大盗、绿林匪徒。即便上了我们的餐桌，也是噘着嘴，瞪着一双倔强的眼，那是一种轻蔑，是对"好死不如赖活着"的彻底否定。

所以，人类在享用一条白鱼之前，理应给它加个谥号曰：贞。

为此，我不大赞成袁枚将白鱼和糟鲥鱼同蒸，他在《随园食单》中甚至评价此法"最佳"。怎么能这样对待一条干净、利索的白鱼呢？当然，我个人口味的不同，不代表袁枚一定错了。口味这东西，事实上将人类分裂得厉害。

虽然我不赞成袁枚先生将白鱼和糟鲥鱼同蒸的观点，但我坚决捍卫他保持异于我的口味的权利。因为口味层次分明，导致的食物多样化，有利于生态平衡。且看大宋王朝的一对祖孙诗人，如何描绘当时的生态风貌——

> 野荠春将老，淮鱼夏渐多。
>
> （苏辙《索居三首》）
>
> 白鱼紫笋清庖隶，卢橘杨梅积市门。
>
> （苏籀《梅雨一首》）

——这是清香的味道，略带一点白鱼的腥气。苏辙所说的"淮鱼"，便是指江苏淮安盛产的白鱼，离袁枚的随园不算很远。白鱼、紫笋、卢橘、杨梅，一起参与组建了该王朝的文化兴盛，让我们觉得那位才华横溢的宋徽宗，待在首都呼吸着空气里懒洋洋的花粉，不干文青工作，还能干什么呢？当时北方雄健的少数民族只会骑着马，像印第安人一样"啊罗罗"地呼喊着，在原野上尽情宣泄"力比多"，相较徽宗皇帝之优雅，他们实在太蛮横了。所以，即便很多年后面对这个衰落王朝的忧伤背影，我们仍然会狂喜地指着它大叫："那里！好多宋词！"

韦应物说："沃野收红稻，长江钓白鱼。"袁枚在《随园食单》中也提到类似的喜悦场景："余在江中得网起活者,用酒蒸食,美不可言。"须知,白鱼出水很快即死,要想趁新鲜下锅,不在船头支灶,坐等船尾起网,是不可能的。那么袁先生肯定有一批渔夫朋友。迎着长江的风浪,携手愉快起航,白鱼们在前方欢呼雀跃,争前恐后地触网,以便名垂食单。这还不算夸张,更英雄的白鱼见于《史记·周本纪》:

武王渡河,中流,白鱼跃入王舟中……

——当时周武王喜出望外,亲自俯身抓取这条白鱼,恭恭敬敬地将它放到祭台上,献给上天。一条白鱼有这么大的面子吗?看官,这就要说说当时的政治背景——"河",古书中就是指黄河,华夏文明的主要哺育者。武王渡河的时候,心里正惦念着八百诸侯:他们有多少人会支持我的宏图大业?他们是拥护我,还是反对我?抑或是就地观望?残暴的纣王能否就此被打倒?那个渡口叫盟津,名垂汗青,这里的会盟,最终导致一个王朝的灭亡——这个灭亡的朝代为"商",崇尚白色。这里面有"金、木、水、火、土"的玄妙理念,我不懂,只是看到南怀瑾、张荫麟等先生简单说过,商朝是金德,金克木,所以尚白;而周朝是火德,火克金,所以尚赤。那么白鱼的颜色正好象征商朝,被周武王抓了个正着;白鱼的鳞片呢?又象征着军队的甲胄,当然是商纣王的军队咯!好啦,未来端倪初露。接着,《史记》又说——

既渡,有火自上复于下,至于王屋,流为乌,其色赤,其声魄云。

——这正是尚赤的周武王们想看到的景色啊！很多年后，欧洲的象征主义美术和文学，在此与我们先祖的手笔相较，是多么阴柔！那时，我们的民族比起现在，更像一群男人！他们仰观天象，俯察地情，然后通过一条白鱼，表达自己改朝换代的无边激情。且继续看《史记》如何说——

"是时，诸侯不期而会盟津者八百诸侯。诸侯皆曰：'纣可伐矣。'"

——武王的心愿进一步实现。其时可谓群情激奋、跃跃欲试！但历史总是那么吊诡，原本山雨欲来风满楼，但大人物挥一挥衣袖，即是晴天——武王忽然说了句："女（汝）未知天命，未可也。"然后班师回朝。这是咋了呢？

但我们要相信，那条自动献身的白鱼仍然是英雄。俗话说"谋事在人，成事在天"，揣测老天爷的时间表，人类的智商永远不够。记住"该来的一定会来"，可矣。

正如"该走的一定会走"。与袁枚同时代的吴敬梓先生，是我们安徽全椒人。当年袁先生盛赞"白鱼肉最细"的时候，吴先生也用《儒林外史》中的小说人物，在饭馆特别点了一道美味——"醉白鱼"（见第二十八回）。两人可谓心有戚戚焉。后代考证袁、吴有过一段交往，但最终不欢而散、分道扬镳。原因未明，只有点蛛丝马迹表现在他们的作品中——互相竟然从不提对方的鼎鼎大名。如果是文人相轻，那也罢了，因为这是常见的，甚至是应该的（道理以后再说）；如果因为其他原因，就有些可惜。在我的想象中，这二位顶尖才子应该多一些交流，以便在历史文化上给我们留下更多、更美的谈资。以他们纵横捭阖的思维，在时间和空间中驰骋，必能撞击许多绚丽的火花。

白鱼也许成就过他们的一段友谊，但终究不能维持它。世事人情好似白云苍狗，新鲜时的白鱼，美味诱来历代文人墨客品评不已；待时间悄然流过，白鱼慢慢变质，文人们也散了……现实生活里总有那么多的不相容，哪怕双方都是好的——白鱼是好的，大枣也是好的，而两者同食，据《日华子本草》说会导致腰疼。

白鱼可治肝气不足；有利于耳聪明目；使人肌肤润泽、精力充沛；助血脉；食后可促疮疖、痤疮成熟，加快脓液排出……为什么加入一枚大枣，这一切就会被腰疼轰隆隆地掩盖掉呢？那么多的赞美白鱼的诗，竟抵不过一枚大枣，令人扼腕……且登《最高楼》，眺寥廓江天解心忧——

溪南北，本自一渔舟。烟雨几盟鸥。白鱼不负鸬鹚杓，青蓑不减鹔鹴裘。怎无端，贪射策，觅封侯。

既不似、古人能识字。又不似、今人能识事。空老去，自宜休。帝乡五十六朝暮，人间四十四春秋。问何如，茅一把，橘千头。

——此词作者方岳，南宋徽州词坛词学成就最高的人。你未必熟悉他，但一定听说过"不如意事常八九，可与人言无二三"，此语正是来自方岳《别子才司令》一诗。与袁枚一样，这位老先生也是仕途坎坷，尤其在得罪贾似道之后，发现"贪射策，觅封侯"乃人间蠢事，不如归去"随园"里，享受那"茅一把，橘千头"。

大凡文人才子，最好别当官。因他们最接近理想主义者，而官位在过去的历朝历代，常常表现为理想主义的绞肉机。我不是说官位不好，那样太矫情，而是相对于才子们不好——将白鱼放在长江，它可以自由奔放；而撂进锅里，它会被煮熟的。袁枚、方岳好比白鱼，而官位对于他们，大约是锅。那么长江是什么呢？非"随园"莫属。北宋大文人晁补之一次沿长江漂来，远远地就放开了歌喉："落帆未觉扬州远，已喜淮阴见白鱼。"那时他正在上任扬州通判的途中，心里牵挂的不是工作，而是淮阴丰腴的白鱼。你说这叫什么态度吧！不谋划人际关系，不构思真金白银，却念念不忘吃白鱼，还把它唱出来。

# 土步鱼

杭州以土步鱼为上品。而金陵人贱之，目为虎头蛇，可发一笑。肉最松嫩。煎之、煮之、蒸之俱可。加腌芥作汤、作羹，尤鲜。（《随园食单》之"水族有鳞单"）

如果回到三十多年前，我说有高官请外国人吃"麻骨龙"，小伙伴们一定会感到惊奇。因为每年夏天我们光腚跃进壕沟游泳时，会顺便摸一些河蚌给妈妈破开去喂鸭子，这时就有可能碰巧捉住几个"麻骨龙"。我们也不是不知道它属于鱼类，但它渺小的身材无法打动合肥人的食欲，更别说联想到外宾了。在吃鱼的问题上，过去合肥人的讲究是：宁大毋小。大鱼大肉以其重量，衬托着来客的分量。如果那时你端出一盘小拇指般的"麻骨龙"，不仅会导致自家形象坍塌，更会使客人找不着颜面。而家庭待客，属于人类最低层次的"外交活动"啊！

在对请外国友人吃"麻骨龙"表示惊呆这一点上，30年前的合肥小朋友和250年前的南京小朋友们，达成了跨时空的共识。不同的是，他们那边把"麻骨龙"称为"虎头蛇"。袁枚在《随园食单》中有明确记载，并说"金陵人贱之"。而彼时的杭州小朋友呢？袁枚却赞许他们"以土步鱼为上品"！"土步鱼"，正是合肥的"麻骨龙"、南京的"虎头蛇"以及现在更多的花样叫法：沙乌鳢、杜父鱼、土才鱼、土憨巴、土狗公、呆子鱼、虎头鲨、桃巴痴、孬子鱼等。为什么"贱货"到了杭州，就是"上品"呢？

清明土步鱼初美，重九团脐蟹正肥。

莫怪白公抛不得，便论食品亦忘归。

——这首《西湖竹枝词》来自清代文人陈璨笔下。开篇第一句就将"土步鱼"和"美"挂钩，而这一挂又可上溯千年前的另两句诗——

未能抛得杭州去，一半勾留是此湖。

——谁这么情意缱绻呢？正是当时的杭州刺史——白公，白居易。小伙伴们长大后都知道，白居易追求了一辈子美。我个人把他的追求对象细化为：艺术、自然、女性。其中最后一项颇受后人诟病。西湖之美历来是被女性化的，有苏轼《饮湖上初晴后雨》为证：

水光潋滟晴方好，山色空蒙雨亦奇。

欲把西湖比西子，淡妆浓抹总相宜。

——而白居易对杭州的热爱，竟然"一半勾留是此湖"，如果不嫌牵强的话，由此可见其内心深处的美女们，是如何延伸到并映照着整个外部世界。那么，我的看法和陈璨开始分道扬镳了——陈说白居易对杭州"便论食品亦忘归"，并列举"土步鱼"和"团脐蟹"为象征。但历史上的白居易好色之名要高于好吃之名，而在唐朝的社会环境中，养一批家姬、小妾，并无道德与法律上的不和谐。

就在我与陈璨先生的见解即将面临分裂之时，一则浙江诸暨的传说，把作为食品的土步鱼和作为美女的土步鱼合并了：吴国灭亡，西施沉江，化为形体窈窕的美小鱼。不仅男人好这一口，而且传说女人吃后，会曲线波荡，妩媚多情。《东坡异物志》载其名为"西施鱼"。至此，食、色紧密结合为一条小鱼了。

上面的分析和推理，为小拇指般的土步鱼树立了伟岸形象，甚为励志。它给小伙伴们的鼓舞，当不亚于人类中的矮个子拿破仑。作为炮兵军官时的拿破仑，曾轰掉了狮身人面像的鼻子，而土步鱼作为菜中"西施"，也曾震撼过一位外国元首的味蕾。那是20世纪70年代，西哈努克亲王在叶剑英元帅陪同下游江南，吃了一道佳肴"咸菜豆瓣汤"。按说这个菜名似乎有救助灾民的味道，怎么能用它款待外国元首呢？直觉告诉我们：里面必有土步鱼。果然，所谓"豆瓣"，就是土步鱼鳃盖骨上的那块小肉——半月形，像豆瓣。想想吧，需要多少条土步鱼的"豆瓣"才能不被咸菜埋没呢？一定是个令人感慨的数字。三个月后，西哈努克亲王再次到江南的时候，干脆自己找上门去点了"咸菜豆瓣汤"，可见土步鱼的鲜味，已经扎根其心。

作家李国文先生在《舌头的功能》中提及明朝张居正的"鸡舌汤"，

并猜测"总得百十只鸡的舌头做原料才行",言语中透露出深深的惋惜。所以,我觉得针对"豆瓣"吃土步鱼,不是不可以,但不应浪费其余,否则就是暴殄天物。

之前的宋朝皇室也做得不好。宋理宗赵昀很爱太子赵禥,在饮食上的关照极其用心。为他们管厨房的官员统称为"司膳内人",专门撰写食谱曰《玉食批》。"锦衣"之家必有"玉食",那么皇帝享用点好吃的并不为过。于是宋高宗常常赐太子几篇《玉食批》,那里面诸多匪夷所思的做法,其中一味"土步辣羹"说"土步鱼,止取两鳃"——那不就是只要"豆瓣"吗?不幸的是,有几张"玉食批"流散民间,被宋末元初的诗人陈世崇载入他的《随隐漫录》,弄得天下皆知。他说:"呜呼!受天下之奉,必先天下之忧。不然,素餐有愧,不特是贵家之暴殄……"陈世崇所"呜呼"的,乃人民群众的声音,皇帝听不见,所以,"土步鱼"最终游向了梁山泊,游向了蒙古高原——元朝的胜利诞生,能说和土步鱼们的"豆瓣"没有一点点关系吗?

后世的政治家们,不时地打击铺张浪费,或许他们是从类似土步鱼的"豆瓣"上,看到了一个朝代的兴衰与生活细节的关系。历史每到一个大拐点,常常会让我们听见蝴蝶在南美洲扇动翅膀的声音。所谓"殷鉴不远",指的绝非时间与空间。

虎头鲨味固自佳,嫩比河豚鲜比虾。

最是清汤烹活火,胡椒滴醋紫姜芽。

酒足饭饱真口福，只在寻常百姓家。


——汪曾祺先生作此诗，是在他最后一次回故乡的欢宴之后，题为《虎头鲨歌》，时为 1990 年 10 月。"虎头鲨"即土步鱼。先生早年也谈过此鱼，并引用了《随园食单》，坦承"这种鱼样子不好看，而且有点凶恶。浑身紫褐色，有细碎黑斑，头大而多骨，鳍如蝶翅。这种鱼在我们那里也是贱鱼，是不能上席的"。

土步鱼从价格、价值，变动不居。宋代皇家的认可，都不能给它一个稳定的地位。不过，土步鱼本身并不在乎这些。它在石头泥沙上的游走，充满自信和悠闲。我和小伙伴们当年用两种方法捕捉它：一是用两只手轻轻插入水中，将其悄悄半包围，再缓缓往岸上移动，它会呆呆地在两手的范围内跟着移动，直至出水；二是用钓鱼方式，直接诱惑它上钩。但土步鱼太小，没重量，所以咬钩之后一提，并非鱼钩挂住了它的嘴巴，而常常是它自己咬着食物不放，被钓上来。我那时虽然年幼，但对柳柳姐很有好感，但凡捉住一只体纹漂亮的土步鱼，就想着送给她。因为柳柳姐有一些罐头瓶，里面养着塑料水草，很好看，而土步鱼能为她的水草瓶增添真正的野趣和活力。

当雄土步鱼在岸边石洞、瓦罐、蚌壳内营穴，发出"咕咕"声引诱雌鱼入巢时，这难道不是又一种"雎鸠"在"关关"地叫吗？这也许接近真正的爱情场景，可能是被上帝赐福过的。古人视雎鸠为贞鸟，土步鱼何尝不是一种贞鱼呢？雌鱼产卵后即离开，而雄鱼则会老老实实守巢护卵，直至仔鱼诞生——这不正像人类的母系社会吗？没有男权女权之争，只有对爱对生命的呵护。各负其责、各司其职，状态因自然而显得高贵。

所以，2010年上海世博会招待各国元首和贵宾开幕式晚宴的第一道炒菜，就是"荠菜塘鳢鱼"。塘鳢鱼即土步鱼。貌似高贵。但，高贵能用物质、用价格来衡量的时候，它事实上是一种膨胀状态，与真正的高贵没有任何关系。比如土步鱼，2010年春节每斤30多元；2011年春节每斤50元左右，2012年春节最高每斤80元——价格的递进关系，主要反映了供求关系，抑或，货币在贬值？总之与高贵无关，因为高贵永远不屑于值钱。

1956年浙江省认定36个杭州名菜，"春笋（土）步鱼"和"龙井虾仁""东坡肉"在菜单的前方熠熠闪光。那个时代离既往不远，人心因淳朴而接近高贵。但这种高贵很大程度上是被匮乏抑制了欲望，而被迫存在的，属于"不稳定的高贵"，与土步鱼从《诗经》时代游到今天的不曾膨胀的高贵身材相比，我们实在显得大腹便便、尾大不掉了。如果真的能如上文转述的传说所言：女人吃（西施鱼）后，会曲线波荡……那么，作为男人，我也愿意把它当作一味中药，用来治疗现代病，哪怕吃成个身材窈窕的伪娘，亦在所不辞。

可惜，按照《本草纲目》记载，杜父鱼（土步鱼）与人的身材和高贵并无显著关系，倒是能主治小儿"差颓"。方法是将"以鱼咬之，七下即消"，可谓神奇。那么什么叫"差颓"？《诸病源候论》云："差颓者，阴核偏肿大也……"此外，《中国药学大辞典》又将其主治范围扩展至：补脾胃、壮阳道、治噎膈、消水肿、疗疥疮等等。一条小鱼儿的丰富蕴含，不仅关怀了女性，也值得男性参考。须知，男性的尊严有很强的物质偏向，或者，更坦诚地说，他的肉体健康在一定程度上决定了他的面子。那么，当土步鱼能够"补脾胃、壮阳道"的时候，部分男人就有了依靠。

# 鱼松（青鱼篇）

用青鱼、鲩鱼（作者注：即鲩鱼、草鱼）蒸熟，将肉拆下，放油锅中灼之，黄色，加盐花、葱、椒、瓜、姜。冬日封瓶中，可以一月。（《随园食单》之"水族有鳞单"）

从乌鲁木齐的柴窝堡湖，到南京随园的滚热油锅，都有青鱼的肥美身影。维吾尔人和袁枚先生至少有一句共同语言，那就是——青鱼亚克西！

从闲居的角度猜测袁枚，除了随园，更好的地方可能还有乌鲁木齐郊区。我曾在彼处生活三个月，深得其中苍茫野趣。那里是人世最有生机的地方之一。原因或许在于我长时间地穿越沙漠和戈壁滩，然后终于盼到她——那是压抑很久之后，获得的被解放之狂喜。这一点或许又与袁枚辞官荣获批准那一刻近似？甚至好比一条油锅里的青鱼，终于跃进了柴窝堡湖？

袁枚将青鱼炸成黄色，并加盐花、葱、椒、瓜、姜，封存瓶中，然后再把这些步骤与青鱼之名一起载入《随园食单》，以示其永垂不朽。

青鱼在瓶子里另有名字曰"鱼松"，它被人民普遍认识和接受，包括幼儿。很多家长认为这是宝宝最好的吃鱼方式，因为经过袁枚一炸，鱼刺问题没了，可以放心地拌稀饭、面条，甚至直接给宝宝作零食。


冬夜伤离在五溪，青鱼雪落鲙橙齑。

武冈前路看斜月，片片舟中云向西。


——在如何吃青鱼这件事上，来自大唐王朝的王昌龄是满怀深情的。因为这件事使他想起一位叫"程六"的好友。那个冬天的晚上，他和程六在五溪边执手相看泪眼，无语凝噎。诗中有"月"和"云"的意象，我们今天一般是用在爱情诗中啊！但作为食客，我最关注的还是王昌龄和程六共享青鱼片——"青鱼雪落鲙橙齑"。鲙，就是鱼片。在这里，青鱼片像白雪一样落在橙子酱上，颜色极有诱惑力。不同的是，我动的是食欲，王昌龄动的是情感。也许鱼片之白，象征他们友谊的纯洁，而橙酱之黄，象征他们情感的热烈？这是一个食客不负责任的揣测，不代表诗人本意。但有一点可以肯定的就是：此时的青鱼，已经超越了一条鱼的意义。伴随它的"看斜月""云向西"都是动感的，动静之中，是一颗心的纠结。

所以，对青鱼的赞美，蕴含很多人类的感情。比较有石破天惊之震撼性的，其实发生在西湖。当年张曼玉和王祖贤演绎电影版《白蛇传》，里面有一条漂亮的青蛇，也就是性感的王祖贤。但按照明朝冯梦龙的小说《白娘子永镇雷峰塔》来看，小青并非青蛇所化，而应如白娘子对法海禅师所供认的：

青青是西湖内第三桥下潭内千年成气的青鱼……

同为明代人的田汝成，在《西湖游览志》也有记叙："俗传湖中有白蛇、青鱼两怪，镇压塔下。"当年小说中的"许仙"亦差别一个字，叫"许宣"。总之，与现代人搞的那些很不一样，尤其过程和结局里，其实都没有我们希望的爱情，而只有欲望：许宣对白娘子有欲望，白娘子对许宣也有欲望，然后眉目传"欲"、勾搭成奸，结果弄出团团糟的官司来；至于青鱼，完全是个打杂的配角，在许宣联系不上白蛇的时候，它担当了摩托罗拉传呼机的任务。（还记得 20 世纪 90 年代的 BP 机吗？）这条愚昧而可怜的青鱼因为近乎拉皮条，最后被法海禅师捉住，现形为一丈多长的青鱼——这要是运去随园，将能被袁枚做成多少瓶鱼松啊！

雷峰塔边的渔亭，每到春节临近，就有渔民挂出青鱼干待售，他们会告诉你，这些青鱼生前是吃三潭印月附近的螺蛳长大的，正宗的绿色食品。想买要趁早，否则数十条很快就没了。我个人认为鱼干比袁枚的鱼松要好，因为它没经过油炸，至少更原味一些。作为年货，它的形状也因丰满而更符合年画里的丰收景象。并且它还适宜患有脚气、脾胃虚弱、气血不足的人食用，能给他们的身体健康，带来新年新气象。

青鱼，真是吉祥物啊！尤其春节期间的酒席，常常醉人无数，按照清代名医王士雄的说法是：做生鱼片"青鱼最胜"，"沃以麻油椒料，味甚鲜美，开胃析酲"——"析酲"，就是解酒、醒酒。那么，嗜酒者有福了。美男子宋玉在《风赋》中说："清清泠泠，愈病析酲。"在此，我们似乎可以把青鱼片比作宋玉的风——"风""鱼"因酒而相及，是为人生快事，可浮一大白！

殷墟里出土的青鱼骨头，还不算最早，距今10万年的丁村人遗址中，也有青鱼骨头。可见青鱼伴随我们的历史进程有多么贴心。抄一句宋朝文人魏了翁的诗——

洞烟溪月晚来村，白酒青鱼旋捭豚。

——可见青鱼作为待客之上品，早在《随园食单》之前很久了。清代《随息居饮食谱》记载："青鱼……可脯，可醉。古人所谓五侯鲭即此。其头尾烹食极美，肠脏亦肥鲜可口。"——这就让我大吃一惊！肠子等内脏作为中药材，我还能糊里糊涂地接受；端上席面，该如何理解呢？1972年2月21日尼克松访华，吃了青鱼的非主要部分，但也止于"划（滑）水"，也就是青鱼尾巴，不涉及内脏。当时的中南海厨师程汝明掌勺，后来他回忆说，尾巴在青鱼身上是"推进器"，吃它意味着推进中美关系……

中国人民需要青鱼，它的肉片、划水、内脏，都是宝。在对食物的开发上，我们秉承了祖先的宽阔胸怀，即便不能吃的"青鱼石"，也是宝贝。这东西又叫"黑鲩石"，黄色，坚硬，通常为心形。晶莹通透如翠似玉。其实就是青鱼体内异物而已，但或许像珍珠作为贝壳里的异物一样，是好的。客家人就喜欢把它系在小孩手腕上，以辟邪纳福防惊吓。效果如何我不知道。但曹植在《闲居赋》里，确实因为青鱼而心安——

　　青鱼跃于东沼，白鸟戏于西渚。遂乃背通谷，对绿波，藉文茵，翳春华。

　　——曹植饱经三国时代的动荡，活在亲人的妒忌、猜疑和暗算中，"相煎何太急？"这千古一问流传至今。他最终爱的不是江山政权，而是青鱼以及与青鱼有关的一切事物。他没有尼克松的大起大落，否则他活不到40岁。

# 鱼松（鲩鱼篇）

用青鱼、鲩鱼（作者注：即鲩鱼、草鱼）蒸熟，将肉拆下，放油锅中灼之，黄色，加盐花、葱、椒、瓜、姜。冬日封瓶中，可以一月。（《随园食单》之"水族有鳞单"）

1941年到1945年间，正值世界大战，为了解决粮食问题，日本人从中国引进四大家鱼：白鲢、黑鲢、草鱼、青鱼。其中草鱼后来还被放养到皇宫护城河里。

干吗呢？

除草。

此中可见日本人的实用主义：在草鱼成为食物之前，先当作除草机用一用。实用主义决定了该民族在许多问题上，会把该用的都用在该用的地方，这也是他们可怕、可恨兼可敬、可学的地方。他们在近现代祸害中国之前，可是从我们老祖先那里拿去很多东西的，甚至连袁枚的《随园食单》都没放过。

《随园食单》在日本有三个版本，最权威的是1946年汉学家青木正儿所译。京都有些老牌料理店，至今还将袁枚的书中的"戒单""须知"奉为圭臬。

草鱼，俗名"混子"，袁枚称它"鲩鱼"，更古老的时候，它叫"鲲鱼"。既然袁枚都热衷于将其做成鱼松，那么日本人的寿司必定也会响应号召，这是他们在吃生鱼片之外的另一种生活追求。我是不大吃鱼松的，凡是用油长时间炸过的鱼，我都不喜欢。鱼的本质内涵是鲜，而不是香，有香而无鲜的鱼，有悖于仓颉造"鲜"字时运用的那条鱼。不过，这只是在说明我个人的口味。当袁枚将草鱼蒸熟后拆下肉放油锅里，其实还包含了文化问题。有人说，原初时代的亚当和夏娃，在蛇的劝诱下吃了苹果，导致伊甸园消失，乃因为亚当和夏娃不是广东人，否则，苹果会和伊甸园一起留下来，而蛇不见了。这就是文化问题。文化之重要，直接导致天堂和地狱的诞生与消亡。

> 小泊湖边五柳居，当筵举网得鲜鱼。
>
> 味酸最爱银刀脍，河鲤河魴总不如。

——这是清朝人方恒泰赞美草鱼之词。当时他可能正坐在名扬天下的"楼外楼"餐桌边，店小二给他们端来了一盘西湖醋鱼。这道菜未必一定要用草鱼来做，鲤鱼、鳜鱼也可以，但很多人以草鱼为佳。

此菜的历史来源很悠久，可上溯到宋代的一个有关复仇的故事。说有姓宋的兄弟二人满腹文章，却隐居西湖打鱼。因嫂子貌美，哥哥遭恶霸陷害身亡。嫂嫂告状未果，反遭迫害。这个故事说明，司法腐败的历史，至少也和西湖醋鱼一样悠久。接下来我们得感谢那名腐败的法官——嫂嫂在小叔子临逃前，匆忙烧一碗鱼，来不及找常规作料，就将家里剩下的糖和醋加进去——结果千古名菜诞生了。故事的最后很老套地展现光明：小叔子求得功名，衣锦回杭州，惩办了所有害死他哥哥的人。

至少有两位皇帝在西湖边吃过醋鱼，一是宋高宗赵构，另一是康熙大帝。赵构于1179年农历三月十五日光临西湖，古书记载他吃的是宋嫂手工制作的鱼羹，也就是西湖醋鱼的前身。这个"宋嫂"是否上文传说中的宋家媳妇？不可考。赵构十分欣赏宋嫂的手艺，吃过后还给予赏赐。康熙吃西湖醋鱼，据说是微服下江南时的事情，他对此菜的赞美，仅流传于民间口头。但无论如何，草鱼经过浓妆艳抹，以西湖醋鱼的身份，总算和皇帝挂上钩，它因此获得了世俗层面的最大成功。还有雅的一面之成功，在于大小文人推波助澜。古时候没有报纸副刊，饭馆、旅店的墙壁通常是他们发表诗歌的板块。有一位来西湖的风流书生吃过醋鱼后，挥笔题打油诗曰——

> 裙屐联翩买醉来，绿阳影里上楼台。
>
> 门前多少游湖艇，半自三潭印月回。
>
> 何必归寻张翰鲈，鱼美风味说西湖。
>
> 亏君有此调和手，识得当年宋嫂无？

——开篇第一句好像表明他要来此看美女的，但一吃醋鱼，发现世间竟有比美女更可迷恋的事物，那就是醋鱼。现代文人中，有梁实秋先生写过醋熘草鱼，而且是他亲手制作的。梁先生也是位情种，七十一岁时追求四十四岁的女歌星，而且，成功了。

全唐诗里出现的鱼大约 15 种，草鱼名列其中。唐朝末年一个叫刘恂的人，在《岭表录异》中记载了广东部分地区人们养草鱼的事——

"山田拣荒平处，锄为町畦。伺春雨，丘中聚水，即先买鲩鱼（即草鱼）子散于田内。一、二年后，鱼儿长大，食草根并尽，既为熟田，又收渔利，及种稻且无稗草，乃齐民之上术。"

——一举两得，"既为熟田，又收渔利"，再次证明广东人与江浙人类似，堪称中华民族里的犹太人。与日本人用草鱼清除皇宫护城河里的杂草一样，他们早就发明了可能是人类最先进的智能除草机。很多年后，太湖和巢湖周边的人们，为了清除蓝藻，使用的生物武器便有鲢鱼、鳙鱼等。这就让我们的思维从"如何吃鱼"上升到"如何用鱼"的高度了，而草鱼在这里，可谓先驱。

除了这个功用，草鱼还可以作祝寿礼品。我所在的江淮地区，乡下有旧俗：在父母 70 岁之后，每年应送他们一条"混子"。我没能考证出其中的道理，但直觉认为是一种象征意义。比如合肥土话叫草鱼为"混子"，那么是不是想蒙"混"老天爷，一年一年"混"下去，以得长寿呢？这里面有小农的狡黠思想，不过挺可爱的。"混子"在水里雄心勃勃横冲直撞，而人世里的"混子"们，往往也是生命力十分旺盛的。从老年人常见病中，也可看到草鱼祝寿的现实意义：它象征身强力壮，对饮食进补很有好处。那么，这条能带来健康的草鱼，就不可避免地将要被人类全面开发了……

袁枚有《咏筷子》诗一首——


笑君攫取忙，送入他人口。

一世酸咸中，能知味也否？


——今年春天，朋友约我去一家酸菜鱼馆。进门劈面就是一座大玻璃缸，里面数十条壮硕的草鱼，显得很拥挤。朋友指着其中一尾说："它了。"小二伸出抄网，一扭臂，将大鱼拉出水，转过头，狠狠摔下水泥地……这个场面导致我后来吃鱼肉时，感觉不是个味儿。面对食物，人其实不应该有恻隐之心的，近伪善。正是这种欲吃而不忍的矛盾冲突，导致我把筷子滑落锅里。那是一锅上好的酸菜鱼啊！朋友赶紧将筷子夹出来，随口吟诵了上面引用的袁枚的诗，说："今天它无憾了。"

朋友很懂得袁枚，正是从《随园食单》开始。他认为，袁枚所记鱼种很少，吃法也非常简单。这么肥美的草鱼，竟然与青鱼合并记载，而前途也只有做鱼松一种。酸菜鱼、水煮鱼什么的，怎么不提呢？这就得讲讲历史了。按照我们70后的记忆，小时候似乎没听说过酸菜鱼。现在有不少起源传说，但其中比较靠谱的是，20世纪80年代中期，重庆市江津县津福乡的周渝食店开始经营酸菜鱼，广受食客追捧，学艺者众，之后才流传全国。年代、地点、"主人公"俱全，但这还不是根本，最令我动心的是，这个传说中有善意存在，而且所在时空比较恰当——20世纪80年代。彼时的人们没有今天这么聪明，是淳朴的、敦厚的，所以，饭馆有好菜，招来学艺者，并且热心传授，逻辑通畅。特别是它最初所在地是"津福乡"——有"乡"——的一家饭馆，这使人脑海里浮现一位憨厚的伯伯，笑眯眯地举着铁勺，站在灶头大谈酸菜鱼的做法……

# 鱼 松

用青鱼、鲥鱼（作者注：即鲩鱼、草鱼）蒸熟，将肉拆下，
放油锅中灼之，黄色，加盐花、葱、椒、瓜、姜。冬日封瓶中，
可以一月。（《随园食单》之"水族有鳞单"）

减肥，要想减得有味道，应争取鱼松支持。

袁枚在《随园食单》中对鱼松简略介绍过，但没说能减肥。我要
推荐的是来自西双版纳的"鱼松茶泡饭"。茶主要选用两种，绿茶、
普洱茶。其中绿茶因性寒，只适合夏季泡。其他操作细节请问百度。

但是，老吃"鱼松茶泡饭"，肯定会腻歪的。那么，换芹菜炒鱼
松吧；又腻歪了，再换豆角炒鱼松吧；还腻歪？等等，还有玉米炒鱼松！
它们都是减肥食品，口味却各有惊艳处。

传说中的"满汉全席"，由密密麻麻的菜名组成。其中的"四松
碟"包括：火腿鸡枞，松子鱼松，芝麻肉松，翡翠虾松。鱼松赫然在目，
看着就眼馋。而乾隆下江南时，曾享用"苏州织造官府菜"，《清宫御膳》
都记载了菜名，其中的冷碟项目里，便有鱼松不可替代的席位。由此
两例可见鱼松的分量很重，地位很高。在芸芸众菜里，它是浮着头的，
无法小觑。

有人考证，鱼松最初出现于咸丰同治年间。相对于中国历史，它

还是很短的。我个人认为，这未必准确，因为春秋战国就记载了"鱼炙"，它的炙烤动作似乎离制作鱼松的手法不远，算不算雏形呢？

有的事物在历史进程中可能会丢失一段时间，但后来又复现了，这也难说。宣统年间的《太仓州志》记载："肉松，制法创于倪德，以猪、鸡、鱼、虾肉为之。德死，其妻继之，味绝佳，可久贮，远近争购，他人效之，弗及也。"——此处说的"肉松"，不是我们今天特指的肉松，而是包括了鱼松等等，并说创制者叫"倪德"。这说明，早在咸丰同治年间就诞生的鱼松，很晚才影响到江南太仓。可见因为时代限制，一、鱼松传播速度慢；二、部分地区少数人，可能没受影响和启发，自己就独立创制了鱼松。正如达尔文的进化论，其实还有一个没受他影响的独立立论者叫华莱士一样。

另有赫哲族也可作推测依据之一。该民族所在地理位置偏僻，受现代文明影响很小，他们的语言归属阿尔泰语系满—通古斯语族满语支，并且没有自己的文字。但他们日常吃的"拉拉饭"，就喜欢拌上鱼松。没有听说是谁传授了赫哲族制造鱼松的方法，这可能就是他们自己祖先的发明，像"拉拉饭"一样悠久、不可考。

我在搜集关于鱼松的资料时，有个很大的遗憾，就是没什么中古、远古名人、神仙的赞美。因为我很想用优雅的诗词来为鱼松包装。姚鼐有两首诗，题目分别是《万寿寺松歌》和《沈石田鱼松歌》。其中后者曾让我眼前一亮！里面有"鱼松"二字。可惜资料中并没把内文引述出来，我不确定他是在说"鱼松"呢？还是在说"鱼、松"呢？根据《万寿寺松歌》的标题，以及李渔的一首词《忆王孙·山居漫兴》，内有"聊借垂竿学坐功，放鱼松，十钓何妨九钓空"推测，松是松，鱼是鱼。又因为姚鼐所在时代还不算很古老，悠远感不足，我就罢手了。

大量的鱼松资料都指向清代及其后。发生地域除了上述以外，还有福建、台湾一带。有个来自福建的传说算早的——咸丰六年（1856年），福州盐运使宴客，厨师做菜时不慎，将猪肉炖烂了。眼看临近上菜关节，他为了捍卫自己的职业尊严，赶紧在肉里加入各种配料，炒制成肉丝粉末状，呈上。结果歪打正着，客人品尝后赞不绝口！

可见，人的勇气和创造力有时候真是被逼出来的，所谓"置之死地而后生"是也。临危不乱、灵机一动等成语，与智慧密切相关。自猪肉松之后，鱼松顺水推舟地出现了。徐珂名著《清稗类钞》在介绍肉松之后，特别说了一句："碎切鱼肉为屑，炒之，曰鱼松。其法与制肉松相仿。"可见肉松可能发明在前，而鱼松在后。

鱼松的光彩照耀了大清王朝的天空。斗转星移，王朝已不存在，鱼松还在盘子里。食物的生命力远胜于任何朝代，由此可见，这个世界的主宰即便不在于上帝，也在于类似鱼松们的食物。王侯将相和我们一样，是脆弱不堪的。所以，既然做人，不妨将目光看得远一点——上及天堂，下至鱼松，就不要去走什么后门、拍什么马屁了。要多关注永恒或可能永恒的事物，例如鱼松。袁枚在《江中看月作》有道——

　　　江风送月海门东，人到江心月正中。

　　　万里鱼龙争照影，一船鸡犬欲腾空。

　　　帆如云气吹将灭，灯近银河色不红。

　　　如此宵征信奇绝，三更三点水精宫。

——如果我没猜错的话，这个时候袁枚可能在船上喝酒、品"随园牌"特制鱼松。因为他在《随园食单》中说鱼松"冬日封瓶中，可以一月"，所以，外出时揣一瓶鱼松以备下酒的可能性很大。

杭州这块灵秀之地，对鱼松的讲究更胜一筹。他们用刀鱼做鱼松，然后装入小布袋，再和鸡、猪骨同煮，最后得一碗鱼松全部溶解的汤汁，放进熟面条，加点黄酒、胡椒粉——谓之"刀鱼汁面"。我们仅仅通过想象力，便可以与这碗面建立鲜美联系。

江南鱼松讲究用白色鱼肉来做，而褐色鱼肉被认为较差。这是味觉导致的偏见，不过偏见得似乎有理。海边的惠安人大概基于类似的原因，也把黄花鱼高看一等，认为别种鱼做成的鱼松不如它。吃的时候，他们还要洒点白糖及老酒，这使我想起鼓浪屿上的味道。那个岛屿有人世里幽深的阳光，它属于一种心境，即便现在商业活动多了，也没能改变它的实质。这一点它比惠安显得有坚守。那卖鱼松的小店在岛上便有白糖和老酒的感觉，味道是清甜而醇厚的。惠安其实是靠女性出名的，而鼓浪屿是靠心境出名的。女性作为意象，流行于各种商业活动。商业包装，是现代社会的重要特征。比如在鱼松包装袋上印一位美女等等。

一位南方女性很多年后还在怀想童年的外婆，让她深深牵挂的就是黄花鱼做成的鱼松——外婆将黄花鱼洗净晾干放锅里炒，这个味道对岁月的穿透力太强了。一种美食便是一条线，从原点出发，连接万水千山之外的游子。

台湾作家萧丽红女士在小说《千江有水千江月》里记述："连着吃了好几日的虱目鱼，饭桌上天天摆的尽是它们变出来的花样，鱼粥、鱼松、清汤、红烧、煎的、煨的。"书在她三十一岁左右出版，记忆原点是布袋镇，位于嘉义县海边——"天苍茫，野辽阔，带湿的空气，雾白的四周，一切竟回到初开天地时的气象"。所以彼时布袋鱼松不像今天这么市场广大，鱼松主要还是当地小镇的生活味道，并且显示一种单调。但这种单调里又不乏古代的清淡闲适。我十七岁那年，读过此书，很迷恋文字中的女人味。今天回忆，觉得真正的女人味或许近乎鱼松？鲜美、柔软，入口即化。

　　以前吧，海洋的波浪像摇篮一样，是很舒服的。现在它喜欢咆哮了。这导致鱼类活不下去。很难再出现泛滥的黄鱼啦。那种泛滥简直激情四射！只要用木棒在船舷一阵猛敲，就能把黄鱼们震晕，然后浮出海面，随手捡就可以了。吃不掉，做鱼松——那可是真正的黄鱼松啊！

# 鱼片和鱼脯

　　"鱼片"——取青鱼、季鱼片，秋油郁之，加纤粉、蛋清，起油锅炮炒，用小盘盛起，加葱、椒、瓜、姜，极多不过六两，太多则火气不透。

　　"鱼脯"——活青鱼去头尾，斩小方块，盐腌透，风干，入锅油煎；加作料收卤，再炒芝麻滚拌起锅，苏州法也。（《随园食单》之"水族有鳞单"）

　　关于鱼片的吃法，袁枚已经去先秦甚远。不是说时间，而是说口味。从商代到东周孔子那会儿，鱼片生吃最符合一般习惯，而袁枚却是"起油锅炮炒"，这一点甚至不如日本、韩国人更接近我们老祖先。

　　不过，我喜欢袁枚的吃法。尤其喜欢将鱼片做成水煮鱼、酸菜鱼。前天我在削鳙鱼片的时候，刻意放慢速度，想体现孔子"脍不厌细"的要求。但，实在太难了。没有三年以上的刀工，估计无法将鱼片削成纸一样薄。《酉阳杂俎》里那位南孝廉"善斫脍，縠薄丝缕，轻可吹起"，是多么美妙的境界啊！遇到这样的生鱼片，我也愿意蘸酱吃——当鱼肉艺术化的时候，我不嫌其腥味而放弃附庸。

袁枚所言之青鱼，在先秦时代非常受追捧。季鱼(即鳜鱼)可能稍次，因为它难以达到青鱼的巨大体形。古人吃鱼以大为美。其实在我看来是错误的。大鱼的土腥气比小鱼重。但，做鱼片，用小鱼确实不行。我用的鳙鱼片，也是取其下半身的大块厚肉。将鱼片"秋油郁之，加纤粉、蛋清"，这些步骤与袁枚相似，只是多了一杯料酒，另外还撒点葱、姜、蒜。这样腌制出来的鱼片似乎更入味。

但这些类似火锅的做法，完全背叛了老祖先发明的鱼片。既然日本、韩国人能继承我们祖先的吃鱼传统如此之久，肯定有他们不可割舍的情怀吧？比较普遍的说法是，生鱼片营养未流失，原汁原味等。而用各种烹调手段弄出来的鱼片，其实与鱼的原味已经差得很远。很多时候，我们是用厨师的想象力欺骗自己的味觉。但这一说法未必符合咱老祖先的心意。那时候没有检测设备，不存在各种营养学说，我相信除了口感，老祖先对生鱼片不会有其他的说辞。有人就指出，因为祖先们用于调配鱼片的蘸料非常好，比如贾思勰所著《齐民要术》中的"八和齑"——

蒜、姜、盐、白梅、橘皮、熟栗子肉、粳米饭、腌制的鱼。

——这八种"八和齑"配方，现在已经不为大众熟悉了，我们更习惯用超市里的各种瓶装调料，因为方便。以上配方中仅"熟栗子肉、粳米饭、腌制的鱼"三项，就能耽误现代人很多业余时间。但有钱有闲的人不如试验一下古人的"八和齑玉鲙"。所谓"玉脍"就是鱼片的美称，易得，费点工夫将"八和齑"蘸料配制出来，说不定可以开一家富有传统文化特色的专卖店呢！

虽然日本、韩国人热衷生鱼片，但我们祖先的"八和齑"他们好像并没听提过。市场上的日本、韩国调料也被现代技术制作、包装得没啥特别之处了。大家连做芥末都不像古代那样心思缜密，贾思勰的方法是——

芥末种子研成粉末，焙干，加水，或加鱼、蟹酱调之。

——我们今天看到的芥末，大多是绿糊糊的一小团，鱼、蟹酱呢？有些好东西不是失传了，还在书上呢！失传的，是那种追求美感的从容的心。

回头再看袁枚做鱼脯，也是用了大青鱼，图的还是"块头"。腌透、风干、油煎等一套手续，来自清代苏州的厨房，一直流行到今天。但这是鱼脯的一种普通做法。有一年我在福州玩，吃过一位客家厨师做的鱼脯，感觉很特别——

他是用大草鱼身体两侧的厚肉，撕皮抽刺，捶捣成鱼糕（鱼肉泥），加鸡蛋清、芡粉、盐等，然后用勺子挖成团，放热油里煎。那鱼脯（或鱼圆）被煎得膨胀起来，像乒乓球。这就可以直接吃了。吃腻之后，来点蘸料，我还可以吃一碗！

我怀疑这是唐朝风味的鱼脯（鱼圆），因为听说客家话就是唐朝的官话，客家厨师也许继承了唐代厨师的手艺呢？袁枚如果知道，肯定会在《随园食单》中记一笔吧！不过这种客家做法严格意义上不是鱼脯，没有经过腌制、风干。但既然他们这么称呼，就客随主便了。

鱼脯自古是渔民的日常食品，未必算美食。它只是为了保存长久，对鱼的鲜味破坏太大。我个人不太接受它。但历代追捧它的人却很多，明代朱朴有《大麦谣》说——

君不见城中官长不忧耕不忧织，日日公堂命筵席，肉羹鱼脯嗔变色，怒把里翁鞭四十。

鱼脯颇能登上等人餐桌。肉羹、鱼脯并列显示，离开了渔家，鱼脯的身份倒是提高了。我看过海边渔民晒各种鱼脯的宏大景象：一眼望不到边的鱼，发散着腥臭气，怎么也不能将其与美味挂钩。但有一种淡水小鱼例外——巢湖毛鱼。本地人不叫它鱼脯，而是一种小干鱼。于我而言，其唯一的食用方法就是加葱姜蒜、油盐酱，还有辣椒：蒸。作为鱼脯，它的味道很呛人，但这样蒸出来，却非常下饭。

日本人的鱼脯文化，可能与中国关系不大，他们对海味的理解，显然比一般大唐的长安人深刻。我在电视上见过日本厨师做的一道"淋味鱼脯"，大致是先烫鱼，鱼皮变色裂开后，取出，放在冰水中，用竹片轻刮鱼皮。之后再浸泡、烘干，淋上特制的调料。程序麻烦得让人望而却步，不吃也罢。

袁枚的鱼脯虽然不出彩，却平易近人。对于大众，菜要亲切，不要高贵。用鱼脯能表达咱对生活和亲人的爱，就可以了。

　　三国时一位叫孟宗的大孝子，就是那位"哭竹生笋"故事的主人公。他当渔业部门的官员时，曾亲自捕鱼做鱼脯，托人送给远方的母亲。结果母亲退回鱼脯，说他不该利用职权办私事，要留个好官声。鱼脯虽然大多腥臭，但在这个故事中却似一道清流。味道比用鸡汤煮出来的"凤汁鱼脯"还好。

# 连鱼豆腐

用大连鱼煎熟，加豆腐，喷酱、水、葱、酒滚之，俟汤
也半红起锅，其头味尤美。此杭州菜也。用酱多少，须相鱼而行。
（《随园食单》之"水族有鳞单"）


袁枚说的连鱼，不是鲢鱼，而是鳙鱼——"其头味尤美"可证。

合肥这地方把鳙鱼称为"胖头鱼"，也叫"花鲢"。与"白鲢"相比，
它黑、粗、胖。合肥人也叫白鲢为"家鱼"，虽然它外貌和鳙鱼相似，
但因为头不够大，所以剁椒鱼头、鱼头火锅什么的，不看重它。2013
年10月有新闻说，有名张家界人捉住一条百斤重鳙鱼，并准备了一个
相应的大盘子，来烹制世界上最大的剁椒鱼头。对此我很遗憾地告诉
大家：它不会好吃。为什么呢？正所谓"过犹不及"。太大的淡水鱼
多有"土腥气"，肉质也显粗糙。淡水鱼，不能以大为美。《随息居
饮食谱》认为"鳙鱼……以大而色较白者良"，是错误的。大凡动物，
与人一样，青少年是它最好的时代——细皮、嫩肉，青春气息里，有
作料无法掩盖的美味。在那个青春年代去接近一位异性，感觉肯定比
晚年更新鲜——吃也一样。

我建议买一条1~2斤重的鳙鱼。这个重量大约对应它的少年期，

情窦初开，欲说还羞。和一条百斤重的鳙鱼相比，它身上的每一个细节都是鲜嫩的。鱼和人同理，在这个世界混得久了，从内到外，都会变味。人尚可用读书、修养来保持漂亮的肉体和灵魂，而鳙鱼不玩这一套，所以面对晚年的鳙鱼，我是没指望的，那时的它除了体形巨大，没有任何可圈可点之处。

至于袁枚的"连鱼豆腐"，春秋战国时肯定没出现，因为传说豆腐是刘安担任淮南王时发明的。不过重点还在鳙鱼本身。可见此人不是一般的聪明。而这份聪明很难说与鳙鱼没关系。现代医学认为鳙鱼脑富含"垂体后叶素"，而这东西又是维持、提高、改善人类大脑机能的重要物质，比起现代各种什么补脑产品，它更自然一些，也更可靠一些，它根本不需要庸俗的广告来向世人推行。所以，一旦它真的具有如此了不起的功用的话，它就可被视为保卫和发展人类聪明才智的宝物之一。那么，世界上究竟是哪些人爱吃鳙鱼？就值得关注了。

一位名人晚年爱吃鳙鱼头，像袁枚那样炖着豆腐，他曾开玩笑说："多吃这种大鱼头，一定会使大脑发达。"从广告词的角度来看，这对鳙鱼是不祥的。而且，国民性中的"窝里斗"，也不宜我们多吃鳙鱼头。所以我必须换个角度来审视鳙鱼——润泽皮肤。这是现代医学研究的结果，有一定可信度，因为中医的说法也支持它：鳙鱼有疏肝解郁、健脾利肺、补虚弱、祛风寒、益筋骨等功效。这就很好。我们已经够聪明了，但还不够美丽。与其关注脑袋里那些闪闪烁烁的所谓才智，还不如多打扮一下脸蛋、皮肤啥的。我们智慧不足，而小聪明又太多，所以拥有一个漂亮的外貌，至少还能勉强看得过去。

在此，鳙鱼被我庸俗化了。我对不住鳙鱼。宋代诗人董颖掀翻了我的观点，他在《题赵质夫艇斋》中说——

瘦竹吟风横笛处，丛蕉著雨打蓬时。

锦鳞只向铜盘钓，鳙比松江似更奇。

——对此我表示愉快，因为鳙鱼和人世的金钱一样，永远是无罪的。它是"锦鳞"之一。虽然它外表泛黑色，但它的肉很白嫩。它的游泳姿势里，不含对欲望的追求。它与瘦竹、吟风、横笛一起，在雨打芭蕉的时候，构成了自然美。它不但能给我们鲜味，还能拯救我们的心情。

很多年前的清代名士黄宗宪来到湖南的一个小村庄，据说是为了躲避文字狱，住在农民家。（疑惑：黄宗宪是数学家，又不是说过"君为天下之大害"的黄宗羲。他也需要躲藏吗？）那地方很穷，但不缺鱼，所以当时农家款待他的主菜就是鳙鱼。那时代也没太多讲究，一条鱼分两半：身子煮汤；剁一些辣椒撒在鱼头上，蒸。两道菜就算有了。黄宗宪吃到了最原始的剁椒鱼头，记忆深刻。逃难结束后，就将它发展为一道名菜。应该说，这是黄宗宪逃难生活里的一个亮点——有鳙鱼发光！

其实在人类历史上，一点光照耀一个时代的故事很多。我的意思是说，要拯救一个时代乃至整个世界，其实可能不需要很宏大的叙事方式，有那么一些特别的人，就可以了。这一点我们从古代典籍保存，就能发现个大概。别说中国人多，读书人还真不算多。从秦始皇焚书坑儒开始，到历代战乱、自然灾害，对文化的毁灭可谓不遗余力，但最终还是流传下来足够我们用毕生去学习消化的东西。而功劳呢？主要在于皇家、贵族、官府以及中小地主和民间少数节衣缩食的读书人。他们只占中国人中的极少数。但他们保存的火种，或者说一点光，一路就这么传承下来了。

黄宗宪也算民间力量之一吧？雍正时代的文字狱令天下读书人惶惶不可终日，从精神到肉体的灭绝风行一时。在这样的环境里，黄宗宪不但躲避了，还顺手把剁椒鱼头之类的东西带出来，给故纸堆增添一丝鲜美，虽然鳙鱼不感谢他，但我不能不表示敬意。美食之所以能成为世界文化组成部分，各民族的文人们功劳最大，除了黄宗宪这样的偶然发现，更有诗词歌赋流行与普及，给美食奠定的"高层"文化传承土壤——而这一点，体现了必然性。袁枚的《随园食单》是最浅显的例子。

把"连鱼"煎熟后，袁枚说"加豆腐，喷酱、水、葱、酒滚之，俟汤也半红起锅……"这个动作全中国的厨师、厨娘们都在做。当文化能以日常小动作来体现的时候，它就是亲民的。但亲民的文化虽然比老庄、康德、黑格尔更普及，却容易在地上打滚，弄得眉目不清，也就很难把它们归入殿堂，这是个小小的遗憾。说"东坡肉"是苏东坡发明的，只因为有苏东坡，而不是因为有"东坡肉"。所以，真正的"硬文化"，如《苏轼全集》，是不亲民的，但它能带动那些亲民的"软文化"，如"东坡肉"。或者说让那些"小文化"附着在"大文化"周边。至于谁滋养了谁，还真不好论断。

并非所有的文人都像袁枚一样喜欢鳙鱼，三国陆玑在《毛诗草木鸟兽虫鱼疏》里就看扁了它："鲕似鲂，厚而头大，鱼之不美者。故俚语曰'网鱼得鲂,不如啖茹'。其头大而肥者,徐州人谓之鲢,或谓之鳙。"——这有些"以貌取鱼"的感觉,只因为鳙鱼头大,所以成为"鱼之不美者"。他还说人们网得鳙鱼,并不喜悦,觉得吃它还不如吃蔬菜。现在看来,可能那时鳙鱼在水里非常多见,人们吃够了,不稀罕。假如有一天鳙鱼的数量不抵长江刀鱼,我看它也能像刀鱼那样超过同等重量白银的价格三倍。

其实30年前的合肥人离陆玑不远,当时大家也不看重鳙鱼,请客时一般不用它,而用鲫鱼、鲤鱼、草鱼一类。为什么呢?据我分析,20世纪80年代的中国人,刚从贫穷中冒出头,肚子里的油水还是很少的,所以对待鱼、肉类食品,讲究"实惠"。鳙鱼因为头大,显得身上肉少,可能是不被客人们认可的唯一原因。要数量不要质量,是穷人的普遍心态。物质丰富程度对人类心理影响太大了,"饥不择食"里包含多少辛酸泪水?与今天人们讲究吃野菜相比,我们的社会在物质层面确实进步巨大。所以,在目前这个时代,总是怀着强烈的物质欲望,显然是有罪的。


悠悠千载五湖心,古庙无人锁绿荫。
为问功成肥遁后,不知何术累千金?


——宋代诗人吕本中这一问,是对范蠡的。作为养鱼、经商、制陶业的祖师爷,范蠡到现在还在各种祠堂里,担任很多名誉职务。《齐民要术》中说他是《陶朱公养鱼经》的作者,虚实难定,但此书早已被多种文字翻译过,流传广泛。鳙鱼当是他池中物之一种吧?但现在关键不是他如何养鱼，而是他从一名显贵自我"降格"为养鱼人。他协助越王勾践灭吴国后，堪称开国功臣，按说应该站在朝臣中靠前的显赫位置才对，可是，他跑了。然后有关他的传说就在史料上蔓延开来。也就是说，当现代人面对成功而欲壑难填的时候，范蠡却甩手把成功填进欲壑里了。传说他隐居后不知赚到多少钱，却全部散给需要的人，自己还是个穷人。他的"物质欲望"呢？似乎没有。他没有"鱼"而有"渔"。司马迁总结他"授人以鱼，不如授人以渔"的思想，光照千秋。他不但把所有的鳙鱼都给了人们，还教人们如何养鳙鱼。很多类似范蠡的古人以自身的人格，为生命境界做出很特别的阐释，其耀眼程度可以用"不能正视"来形容。既然不能正视，也就看不清了……所以它的存在永远独立，映衬着今人的无奈。

广东顺德乡村对鳙鱼的重视可谓"通神"。每年正月初七举办"太公出游"，属于民间祭神活动。年过花甲的男人们穿着有古风的衣服，持刀握剑地护送小伙子们抬着主帅公的神位，煞是好看。而重头戏似乎还在村里大祠堂聚餐——鱼头是主菜，有八种：天麻鱼头、花雕鱼头、煎焗鱼头、南瓜炆鱼头、豉汁蒸鱼头、头菜蒸鱼头、川芎白芷鱼头、鱼头猪脑。这其中的大部分都罕见于合肥地区的饭馆，可见对鳙鱼的厨房开发，还有很大的想象空间。袁枚的鱼头豆腐做法，被他视为"杭州菜"，而这道很容易做的菜竟然不见于顺德的祭神活动，其中又可见各地民间思维是有很多差别的，正是这些差别导致同一原料做成完全不同的菜。如果将所有鱼头做法汇集起来，结合当地民风民俗，或许能成一部《鳙鱼头上的中国》呢！

鳙者，庸也，平庸、庸俗。以其如此常见，必贯穿中国上下五千年，这个背景一定会揭示鳙鱼并不平庸的内在形象。它胖大黑粗的身躯，过去、现在和未来，都畅游在中国的江河湖泊，它就是鱼中的徐霞客。它的大头里，一定还有很多我们不知道的秘密……

# 醋搂鱼

　　用活青鱼切大块，油灼之，加酱、醋、酒喷之，汤多为妙。俟熟即速起锅。此物杭州西湖上五柳居有名。而今则酱臭而鱼败矣。甚矣！宋嫂鱼羹，徒存虚名。《梦梁录》不足信也。鱼不可大，大则味不入；不可小，小则刺多。（《随园食单》之"水族有鳞单"）

　　梁实秋先生在《雅舍谈吃》中犯了一个小小的错误："……普通选用青鱼，即草鱼，鱼长不过尺，重不逾半斤，宰割收拾过后沃以沸水，熟即起锅，勾芡调汁，浇在鱼上，即可上桌。"——这里说的是"醋熘鱼"。但原料里的青鱼、草鱼不是一种鱼。两者都可以做出上好的"醋熘鱼"。前者为袁枚所喜，后者则是今天人们常用的。

　　梁实秋先生写此文是 1945 年。42 岁的他，竟然喜欢沉浸于回忆了。当时在重庆，面对民族危亡，谈吃谈喝，后来招致猛烈批评。如今回头看，也罢，一位书生，还能怎么地？就让他去弄点文化上的事情吧。战争时期他起不了什么作用，但战后，国民会更长久地需要他。"功""过"相比，前者更大。

　　他吃"醋熘鱼"的时候，还由母亲拉着小手，一起去杭州西湖"楼外楼"。这个大名鼎鼎的饭店，那个时候还是平民化的。梁实秋记载："楼在湖边，凭窗可见巨箩系小舟，箩中蓄鱼待烹，固不必举网得鱼。"这幅美景中，我看到了两层含义，一是那会儿鱼多，二是因为前者，才能更讲究用鱼之大小。"长不过尺，重不逾半斤"，乃草鱼中之青少年也！可见其里外之嫩之美。这种大小的鱼甚至没有达到性成熟，从骨到肉，本质都会不同于大鱼、老鱼。袁枚在《随园食单》的"醋搂鱼"中也说："鱼不可大，大则味不入；不可小，小则刺多。"

这份讲究显然不是平民化的。今天市场上，这种大小的鱼除非野外捕捉，否则不多见。在养殖场里，鱼不达到一定体形和重量，是舍不得拿出来卖的。成本、利润等因素决定了我们难以吃到处于青少年的美鱼。今年夏天的一个早晨，我偶然在合肥的上派镇农贸市场边缘，遇到一辆手扶拖拉机，车斗里大多是青少年鱼。十分意外。卖鱼者显然是附近的农民兄弟，他很惋惜地告诉顾客：如果不是天旱，塘水接近枯竭，否则他也不会把鱼捞出来的……我记得那车鱼价格如烧饼，3元一斤，总共能卖1000元就不错了。民生多艰，在此可见一斑。


西湖忆，三忆酒边鸥。楼上酒招堤上柳，柳丝风约水明楼，风紧柳花稠。

鱼羹美，佳话昔年留。泼醋烹鲜全带冰，乳莼新翠不需油，芳指动纤柔。


——俞平伯提到的这两行词调寄《望江南》。他与梁实秋同时代，却因人生去向选择错误，后半辈子算毁了。好在前半辈子他也享受过楼外楼及"西湖醋鱼"，这一点倒是没留遗憾。词中的春天有鱼香勾人，"芳指动纤柔"是不是说词人当时和美女同席呢？这个庸俗考证交给好事者吧，在俞老先生及其解析的《红楼梦》面前，那是班门弄斧啊……

以上三位文人，从清朝到民国到现代中国，都为"醋搂鱼""醋熘鱼"留下了墨宝。但严格说来，他们吃的还不是同一种菜。袁枚"用活青鱼切大块，油灼之……"，说明鱼皮是焦的，外酥里嫩；而梁实秋所见的做法，未经油炸，应是香腴滑嫩的。而且前者用的是青鱼，后者则是草鱼。至于俞平伯词中的"泼醋烹鲜"，只能认定为"醋鱼"，细节不明。总之，醋鱼之大名，已经很厚实、很牢固了。这还未上溯到更古老的时候。

有一种未经证实的说法是，醋鱼起源于唐代，宰相段文昌家的厨娘名曰膳祖者，创制了"糖醋鱼"。这就与"醋鱼"很接近。据说"糖醋排骨"也诞生于她之手。这个传说因为与宰相府有关，所以从物质拥有的角度看，是可能的。因为蔗糖的推广就是在唐代，那东西当时算奢侈品吧？而醋早在夏朝末年就发明了。单就醋所出现的时代来说，"醋鱼"又完全可能早于"糖醋鱼"。在我的推测中，以我们祖先的智慧，在醋发明出来的第二天，就有可能用于做"醋鱼"。

到了宋朝，有关"醋鱼"的记载就更多了。杭州作为临时首都，就流传着宋嫂鱼羹的故事。后人也有把宋嫂作为"醋熘鱼"创始人的。这个故事的"内核"，真实性比较高。民间流传其受迫害的传说不大可信，但给游西湖的皇帝做鱼羹，并受到赏赐，却有当时的"爱国主义"背景。因为她是北宋灭亡时，随东京（开封）大队人马一起追随皇帝东南飞的。而南宋皇帝又很看重这批百姓的忠诚。所以当他吃到宋嫂鱼羹后，在百感交集中，无法抑制内心的冲动，为她扬名立万当不在话下。

彼时的杭州在我的想象中，一如乐府诗中所唱——

江南可采莲，莲叶何田田。鱼戏莲叶间。鱼戏莲叶东，鱼戏莲叶西，鱼戏莲叶南，鱼戏莲叶北。

捕鱼也好，采莲也好，吃的，都是江南。广义的江南一定少不了各种食物，而鱼应该是她最显著的标志。江南人就有"鱼性"，轻灵机敏只是其一。表现在女人身上尤其显著。拿黄土高坡女人的朴实粗犷来对比，江南的她们就是鱼一样的女人。近代很多蕙质兰心的女人都出在江南，不能忽视环境对她们的影响。

作为杭州人的袁枚，亦避免不了环境的塑造，"鱼戏莲叶东，鱼戏莲叶西，鱼戏莲叶南，鱼戏莲叶北"里所表现的轻盈和自由感，就很符合他的"性灵说"。从袁枚在《随园食单》中流露的对鱼的偏爱及做法的细腻，也能看出他的江南"基因"。这种人走到哪里，都有江南气质。

"而今则酱臭而鱼败矣。甚矣！宋嫂鱼羹，徒存虚名。《梦粱录》不足信也。"这是袁枚去西湖名店五柳居吃过醋鱼后，所表达的不满。但问题不在鱼本身，而在作料"酱"以及做法等不够"档次"。连五柳居都不行了，那么基本上醋鱼就算完了。这家饭店可称得上后来"楼外楼"的祖先，如果梳理中国历史上的著名饭店，它应是不可或缺的一家。比袁枚晚一些的清代文人梁晋竹，也很不看好西湖的醋鱼了，痛快地批评说："工料简濇（同涩字），直不见其佳处。"这就使我怀疑今天的醋鱼可能只是一种名义上的醋鱼。但参照袁枚油灼过鱼块之后的"加酱、醋、酒喷之，汤多为妙。俟熟即速起锅"，工艺、技术似乎并不繁杂啊？他们的批评中，是不是包含了个人口味因素而不足信呢？比如后来的梁实秋很详细地表述了自己对醋鱼的要求：

汁里加醋，但不宜加多，可以加少许酱油，亦不能多加。汁不要多，也不要浓，更不要油，要清清淡淡，微微透明。上面可以略撒姜末，不可加葱丝，更绝对不可加糖……浓汁满溢，大量加糖，无复清淡之致。

——这些要求看起来烦琐而苛刻，对于一般百姓，显然不适用。楼外楼有一副楹联：

一楼风月当酣饮，
十里湖山豁醉眸。

常年忙碌的厨师们眼中，既无风月也无湖山，只有一地鸡毛。要想将这些鸡毛收拾整齐，除非他天天保持好心情。稍有差池，醋鱼便"败矣"！也就是说，一条完美的醋鱼，是很多种因素的全面集合，"可以加少许酱油，亦不能多加"之类的貌似标准的东西，考虑太多，难免抓狂吧？所以，我不指望吃到袁枚们理想中的醋鱼了。

相较而言，中原一带的人们对吃食就比较宽容。醋熘鱼或糖醋鱼之类的菜肴，就不那么细致讲究，一个"熘鱼焙面"挺有颠覆性。不过他们用的是鲤鱼。经过糖醋软熘，北宋时代，无论民间还是宫廷，都能认可。那地方人多面食，后来发展出"熘鱼焙面"带有浓郁的中原特色。但它的诞生却很有悲剧色彩——

"老佛爷，这鱼，在跃过龙门前，叫黄河大鲤鱼；而这面，开封百姓称为龙须面。"

"闻着香。我倒想尝尝。把'龙肉'跟'龙须'合在一起怎样呢？"

——这是慈禧太后带着光绪皇帝从西安回北京时，路过开封的一幕。那时八国联军已被中华民族的大量珍奇异宝所安抚。这位老太后在丢了自己的脸和国家的脸之后，突发想象力，一句话便创造出"糖醋软熘黄河鲤鱼"与"焙面"二合一的"熘鱼焙面"，至今流传。后人如果知道这段历史，应该难以吃得欢。

俞平伯先生的曾祖父俞樾先生登场——有一说是他以老家浙江德清的烧鱼，融合了宋嫂的方法，而创制醋熘鱼的。真真假假我也难以考证它，随便吧。当年，他老人家就住在西湖边，据说楼外楼饭店的修建，还征求过他的意见，他也常常要楼外楼给他家送外卖呢！

之后各路名人纷至沓来，将楼外楼及其醋熘鱼宣扬四海。鲁迅与许广平新婚时节，便喜气洋洋地到此一游。但并非所有名人都能拥有此好心情，一度很落魄潦倒的苏曼殊也多次在楼外楼接受朋友的招待，醋熘鱼是其百吃不厌的一道菜。因其自小爱吃糖而满口龋齿，仅凭这一点就招人喜爱。蒋介石未发迹前，还在炒股票的时候，收留过苏曼殊，那地方当时叫上海市新民里十一号。又穷又病的苏曼殊躺在蒋家里足不出户，想吃糖的时候，恰逢蒋手头拮据，只好典当衣服去买糖——朋友交到这个地步，该打个饱嗝了吧？我想，闲暇之时，我们可以和朋友一起围着一盘盘醋搂鱼、糖醋鱼，畅叙友情，重温美好，该是多么温馨。

# 银 鱼

银鱼起水时，名冰鲜。加鸡汤、火腿汤煨之。或炒食甚嫩。干者泡软，用酱水炒亦妙。（《随园食单》之"水族有鳞单"）

明朝著名太监刘瑾嗜银鱼，曾有特供机构曰"银鱼厂太监"，在天津为他和皇帝服务。我懒得批评刘瑾，因为我不确定是不是他本人要设置"银鱼厂太监"的，毕竟他身边的奴才数量仅次于皇帝，拍马屁的人多了去。况且这些马屁精中，亦有不少当朝权贵，随口设置一个收购银鱼的机构，易如反掌。也许刘瑾本人都不知道呢！他的主要精力是放在揣摩人和杀人上的。

除了刘瑾，当然也有皇帝可以享受银鱼特供。《燕京岁时记》有载："十月间，冬笋、银鱼之初到京者，由崇文门监督照例呈进。"

造屋不嫌小，开池不嫌多。

屋小不遮山，池多不妨荷。

游鱼长一尺，白日跳清波。

知我爱荷花，未敢张网罗。

——袁枚这首诗并非说银鱼。但当他给银鱼们加鸡汤、火腿汤在罐子里煨的时候，内心是喜悦和满足的吧？从"造屋不嫌小"可见，其心境相当敞亮。有了这个心境，怎么吃银鱼，其实都是好的。"或炒食甚嫩。干者泡软，用酱水炒亦妙。"袁氏吃法里，都有一颗"白日跳清波"之心。

杜甫咏《白小》诗曰——

> 白小群分命，天然二寸鱼。
>
> 细微沾水族，风俗当园蔬。
>
> 入肆银花乱，倾箱雪片虚。
>
> 生成犹舍卵，尽其义何如。

——"白小"者，银鱼也。那时它们因为多，所以能够"风俗当园蔬"，也就是把它视作时鲜蔬菜了。从"入肆银花乱，倾箱雪片虚"可见，它不会卖得很贵。曾有一位台湾史学家晚上在洛阳街头散步，忽然仰面泪流道："这是唐朝的天空啊！"我此刻也很冲动地望着杜甫诗道："那是唐朝的银鱼啊！"

唐朝的银鱼是菜，更是诗。它没有"本土特产"的包装，却有唐诗的包装。这是何等的荣耀！即便晒成干，不再有唐诗的新鲜，但它仍然会飘荡着下一个朝代里宋诗的味道，有杨万里为证——

> 初疑柘茧雪争鲜，又恐杨花糁作毡。
>
> 却是翦银成此叶，如何入口软于绵？

——这就是银鱼干，不新鲜的银鱼干。它的滋味通过诗，绵延至今。其实对于诗人来说，新鲜是美，不新鲜，也是美。美是那么敞亮，在它的胸怀中，我们判断事物的许多标准，其实是不存在的。由美来判断，世界大概就像一条半透明的银鱼，从巢湖游到太湖游到洞庭湖游到鄱阳湖乃至长江口和大海……它是自由和不拘，同时，也不展现任何意义。是它，让我们存在，却又没有任何要求。相反，倒是我们将这个世界视为了银鱼，不但有要求，还积极通过分析和研究来实现要求，比如说："干银鱼的蛋白质含量为 72.1%，脂肪含量为 13%；每百克银鱼含赖氨酸 4820 毫克，蛋氨酸 2308 毫克，异亮氨酸 4176 毫克，缬氨酸 4396 毫克，苏氨酸 6652 毫克……"——看完了？晕了没？

世界只要好吃，就不可怕。这是我们看待和理解世界的一个重要方法。

面对这个世界，我们每个人都持有不同等级的厨师证，而且大多是自学成才。我们面对银鱼的态度——银鱼炒蛋、干炸银鱼、银鱼煮汤、银鱼丸子、芙蓉银鱼、银鱼春卷、银鱼馄饨等等——基本上就是面对世界的态度。这一点与古人区别甚大。从表现形式来看，杜甫、杨万里是用诗来赞美银鱼，而我们今天则是用所谓的科学知识来歌颂它。当然，我们似乎比杜甫们严谨，但严谨导致美没了。

中国历史上有个越王勾践，传说他有一次正在切鱼片，忽然吴王夫差的部队来了。生死关头，做了一半的鱼何足惜哉，立即倒进江水，拔剑而出……这个故事见于宋朝人高承编撰的《事物纪原》之"鲙残"篇。重点是，银鱼由切剩的鱼而化生。且与仇恨、战争挂上了钩。后来的银鱼传说不仅和它一样的不可信，而且都包含仇恨，比如，孟姜女万里寻夫无果，痛哭，泪珠落水化银鱼。又如，水晶宫里一对童男童女羡慕人间生活而私奔，遭受龙王惩罚，化作透明小鱼——银鱼。我内心很不喜欢这样的传说，它使我觉得民间的怨气太重了，和银鱼的轻盈形象差距很大。

营养学家把银鱼列入了"长寿食品"。营养学家是这么看待银鱼的：补肺清金、滋阴补虚。显然是模仿中医的口气。一查，果然来自《医林纂要》。在西医盛行的今天，中医的市场分量大多体现在保健方面了。没病的时候，人们还能信信中医，真有病，保准要找西医开药，或开刀。那时他们会忘掉银鱼，进而忘掉中医。这里面的感情纠结，颇反映了人性中的摇摆因子，在趋利避害方面是如何根据"见效快"大原则，来指引我们前进的。它甚至最终造就我们整体急功近利的社会生活。或许，喝一碗"菱角银鱼猪肚汤"会有所助益。在这碗汤里的银鱼，被特别提出能有效预防大肠癌，根据是：银鱼每100克含钙量高达761毫克。通常我们会从骨头的健康来考虑钙，而银鱼却利用钙来安慰我们的大肠，嗯，这个思维的跳跃真好，世界顿显宽阔。

天津人老早就做得好，每年立秋后，会拿银鱼等物进补，我怀疑他们对银鱼的看重是继承了刘瑾。而这种心理影响是很大的，从文人所记的情况可见一斑。大名鼎鼎如徐渭徐文长就曾赞誉道——

宝坻银鱼天下闻，瓦窑青脊始闻君。

烦君自入蓑衣伴，尽我青钱买二斤。

——按说徐渭老家浙江是不缺银鱼的，为什么对天津银鱼如此喜欢呢？我注意到《天津游览志》中的记载："银鱼之产于卫河者，金睛银鳞，极为鲜美。"那么，"金睛银鳞"值得关注，这可能是此种银鱼异于其他种银鱼的重要特征。以徐渭的画家眼光，不能不注意到。后来的天津渔民在出售银鱼时，还喜欢玩噱头，将金眼银鱼雌雄配对，放在绿色菜叶上，这要是叫徐渭看到，必定又是一首诗或一幅画呢！

全球 17 种银鱼，有 15 种分布在中国。曾经，它不稀缺。

作为圣鱼、神鱼，银鱼又有一个传说是关于屈原的，我比较能接受。说屈子自沉汨罗江，百姓怕鱼儿吃他，争投粽子。结果粽子米粒化作银鱼，托着屈子遗体到了洞庭湖，然后被当地人安葬、祭祀。"安能以皓皓之白，而蒙世俗之尘埃乎！"——这是屈原夫子自道，但完全可以联系银鱼来想象：银鱼出水后，很快从半透明变为乳白色。当然我们可以从化学角度来解释，但这样就没味道了，如果以屈原的诗来看这个现象，那才叫震撼——银鱼与尘世根本不相容，一如屈原。这个传说的内在逻辑很恰当。

古人对银鱼的美称很多，"玉簪、银梭"是其中比较"实用"的两个，更实用的有日本人所说的"鱼参"，就是鱼中人参的意思。如此看重，或许与中国皇室将其列为贡品有关，同时与中医对银鱼的推崇有关。而且从唐代文人的作品中，日本人可能很早就了解我们的银鱼了。皮日休在苏州河一带游览时赋诗曰——


松陵清净雪消初，见底新安恐未如。

稳凭船舷无一事，分明数得脍残鱼。


——那时的松陵江（下游现在称为苏州河）只能从古代文人画中

感觉一下了。闲凭船舷数水中银鱼的感觉，似有禅意在。那么日本茶道的灵魂，好像也能在此抓住一个悠远的因缘了。不过，并非所有古人说的"银鱼"都是银鱼。从唐代开始，有一种"银鱼"是佩戴在身上的，那是身份的标志。当时的诗人罗隐有句："铜虎贵提天子印，银鱼荣傍老莱衣。"这是他在《送雪川郑员外》时的赞词。刘禹锡也说："九天雨露传青诏，八舍郎官换绿衣。初佩银鱼随仗人，宜乘白马退朝归。"那个场合里的"银鱼"，是指装在袋子里的鱼符，是出入宫廷的证件，非庶民能见。

武则天上台后，一度改鱼符为龟符，但她死后又被恢复为鱼符，直到宋代还有金鱼袋和银鱼袋，以示显贵。但有些人如杜甫，就不看重它，说："碧山学士焚银鱼，白马却走身岩居……"这里有遁世隐居的洒脱，一如宋代晁补之填词："碧山无意解银鱼。花底且携壶……文史渐抛，功名更懒，随处见真如……"都是在山水花草中寻求文字，而不求"银鱼"的荣耀。官场荣耀因其短暂性，在历代很多先贤眼中，被置于悲观的境地，本质上是一种"因向往而逃避"，这从他们的人生抱负中常常能发现端倪，就好像"近乡情更怯"一样。其实无论银鱼还是"银鱼"，于他们都是好的，只是前者更容易把握而已。

银鱼有很强的趋光性，现代渔民夜晚于湖中设网，会配着灯泡去照耀。据说在这样的季节，湖里辉煌璀璨，彻夜通明，有人间罕见的壮观。那些先贤又何尝不是银鱼呢？他们年轻时的迅速游动，最终为他们的老年发现两个终点：一个是袁枚的随园，那算好的；另一个就是异化为官场上的混混，或者被流放掉。当然，像司马光那样既有"银鱼"又有银鱼的人也不罕见，但却不能用他来安慰大多数文人。施蛰存年

160

轻时有《银鱼》诗，如果排除"西风"影响，纯粹以一个"中国食客"来理解，或许能从中感觉一点"叛逆"——

横陈在菜市里的银鱼，

土耳其风的女浴场。

银鱼，堆成了柔白的床巾，

魅人的小眼睛从四面八方投过来。

银鱼，初恋的少女，

连心都袒露出来了。

——与唐诗宋词相比，这肯定不叫艺术，因为它不够美，即便与女性挂钩，也不行。诗里似乎有民国时代的某种文艺性的幼稚，这是它的好。我所看到的，就是一位"文青"。不过这位文青很有银鱼的通透感，但没有唐诗宋词里阔大的喜悦或悲观。古代文人也会写到市场或餐桌上的银鱼，一般都是视觉和味觉构成的比较实在的赞美，和现代诗相比，这样的古诗是很老实的，但它也因为没有那么多新流派的影子在里面鼓捣，而显得稳重并厚重。通常，我不喜欢烦琐或狡猾的现代诗。

我宁愿做"第三种银鱼"，就是古人说的"书蠹虫"。黄裳先生的《银鱼集》，就是指它了。非古旧老书，难以迎接此种"银鱼"的光临，我便是喜欢老书的人。可惜这么多年来，不知毁掉多少古旧事物了，存世老书我也没见过几本，想去啃它一口何其难也。有一年，我在某公园边的旧书市场发现一册光绪年间的老书，老板索价500元，我喜滋滋地给了他，抱得美人归。结果回去后洗尽铅华，美人变成了现代老大妈。从那以后，我再也不敢附庸此种风雅了。

当袁世凯时代在天津设置"银鱼税"的时候，就预示着我这样的"银鱼"难以逃掉被赚一笔的命运了。其实赚我没事，给我真正的美人就可以了。《淞南乐府》说："淞南好，斗酒饯春残。玉箸鱼鲜和韭煮，金花菜好入牺摊，蚕豆又登盘。"——这是玉箸（银鱼）们在春末夏初的鲜美味道萦绕人间，这是金钱能够换来却不能代替的味道。是好的。这个世界只要有味道，没金钱也不妨事的吧？

# 说　鲞

"台鲞"——台鲞好丑不一。出台州松门者为佳，肉软而鲜肥。生时拆之，便可当作小菜，不必煮食也；用鲜肉同煨，须肉烂时放鲞，否则鲞消化不见矣，冻之即为鲞冻，绍兴人法也。

"糟鲞"——冬日用大鲤鱼腌而干之，入酒糟，置坛中，封口。夏日食之。不可烧酒作泡。用烧酒者，不无辣味。

"虾子勒鲞"——夏日选白净带子勒鲞，放水中一日，泡去盐味，太阳晒干，入锅油煎一面黄取起，以一面未黄者铺上虾子，放盘中，加白糖蒸之，以一炷香为度。三伏日食之绝妙。（《随园食单》之"水族有鳞单"）


将鱼晒干曰鲞。后来将一般蔬菜晒干、烤干，也叫鲞。比如《红楼梦》里著名的"茄鲞"。按照这个推导，我本人吃过扁豆鲞、豇豆鲞、青菜鲞等，当然也包括多种鱼鲞，例如巢湖出产的干毛鱼。

失去水分的鱼，显然不美。首先表现在体形的干瘪、扭曲。鲜鱼的味道因为水分的丧失，而荡然无存。可是，另一种非鲜鱼的味道出现了，我统一简称为"干腊味"吧。袁枚在《随园食单》中盛赞过多种干腊味，例如台鲞、糟鲞、虾子勒鲞，对应几种海鱼、淡水鱼。其中台鲞以出自台州松门那地方的最好。后人分析、考证时发现，他说的台鲞其实单指今天的"白鲞"，也就是没经过腌制，直接阳光暴晒成的黄鱼。所以袁枚说它"肉软而鲜肥"，否则，就会硬邦邦的，谈不上"鲜肥"。除了白鲞以外的所有鱼鲞，都是有腌制过程的，通俗地说，就是"咸鱼"。

现在咸鱼常见而白鲞难寻，因为真正的国产黄鱼很稀罕了。即便有替代物，那也大多是非洲黄鱼之类，价廉物不美，只能令人徒生怀旧之情。

很多年前的海洋，是单纯的，它的名字就叫海洋。后来，它的名字大致更改为世界污水处理厂兼打鱼场。就像一个老朋友披着绿色的头发来找你，人似乎还是那个人，但精气神变了。这导致我们的鲞也披上了"绿头发"，比如非洲黄鱼做成的"白鲞"。那时天高云淡，连空气都富含营养，所以黄鱼们家族兴旺，在海里闹腾得欢乐。渔民只要拿个棒子在船舷有节奏地敲打，就能引来大批黄鱼浮出头，一网下去，就有吃不尽的白鲞。这很近似一个古老的成语：缘木求鱼。古诗曰——


去年今日此门中，人面桃花相映红。

人面不知何处去，桃花依旧笑春风。


——辽阔的感伤。对美人，对黄鱼，一样有效。海浪依旧拍打着船舷，但丰腴的黄鱼们不知何处去了。据知情的海边老人说，黄鱼渐渐稀罕，是在"文革"期间，至今三十多年了。虽然该物种未灭绝，但其昂贵的价格，偶尔会导致犯罪呢！新闻曾报道过一个男子顺手从别人船上"拿"了三条大鱼，准备回家煮吃。他哪里想到拿的是三条野生大黄鱼！约等于偷窃一坨银子。抓住后，就判刑了。这与当年渔民在船舷敲打棒子捕黄鱼的场景相比，是多么诡异！

同样作为一种鲞，巢湖毛鱼也是这样的。当年它在市场上可以一堆一堆地买卖，远远看去，乱糟糟的，现在虽然没有白鲞的身价，但也不是大多数人舍得随意购买的东西了。自从20世纪80年代定期封湖，巢湖的各种鱼产量就在渐渐降低。所以，今天我家吃一次毛鱼，已不再有当年的平常心。

世界越来越昂贵。它不仅对应人口的激增，更对应工业革命、信息革命的步步胜利，这是说物质层面的影响，而最最深刻的影响，在于人类欲壑的扩大。古籍《梦粱录》专记南宋时代杭州的风土人情，它说当时的杭州鲞铺不下200家，各种鱼鲞应有尽有，基本都是百姓日常食品。我们可以想象当时咸鱼的味道，一定湮没了整个帝都。那是个暖风熏得游人醉的岁月，很安逸，当然也很危险，但鲞的味道深深掩盖了赵宋的灰暗前程，一如坛子里的糟鲞——

"冬日用大鲤鱼腌而干之，入酒糟，置坛中，封口。夏日食之。不可烧酒作泡。用烧酒者，不无辣味。"

——一个朝代到了末期，基本上都是在坛子里发酵的鱼，精神层面它有强烈的封闭性，拒绝外界的新鲜空气。这样的朝代我不喜欢，连同这种鱼鲞我也不喜欢。它在坛子中错过了一整个春天，出来后，无论颜色还是味道，都不再是鱼。与酒糟共同密封，会破坏它的每一粒细胞。我在饭店吃过类似的东西，干巴巴的一道凉菜，一口咬下去，似乎还有点韧性；再一扯，鱼肉丝里有酒味，略带点腥气。混合起来，就是一种怪味。我只能勉强品尝一口，以后再也没碰过。我不知道袁枚的糟鲞是不是类似的口感？如果是，我将把他喜食糟鲞的行为，视作雅士怪癖。

因为那是鱼类的"木乃伊"。说起来不大好听，希望喜食者不要见怪。其实我很理解"鲞"的诞生原因——在食物不够丰富、技术不够发达的古代，要想保存过冬的食物，没有干腊手法，是不行的。再加上经济贸易需要长途运输，唯有制成"木乃伊"的鱼，才能抵达远方。古人有一首通俗诗歌专写农家景象——

明朝早早起插田，东方未明云漫漫。

阿婆拊床呼阿三，阿三莫学阿五眠。

汝起点火烧破铛，麦饭杂菽炮鲞羹。

阿嫂拔秧哥去耕，田家何侍春禽劝？

一朝早起一年饭，饭箩空，愁杀侬！

——其中"麦饭杂菽炮鲞羹"可见咸鱼在农家活动之平常，是下田干活前的早饭组成部分。这顿早饭的烟火味很足，无论食料、燃料，都是我们能够想见的极为纯粹的乡村。30年前，我和小伙伴们曾跟随一位陌生的渔夫看热闹，在田野上寻找池塘、壕沟。他的渔具有两件，一个是拴在两根杆子上的抛网，一个是鱼篓。一网抛下去，用胳肢窝分别顶住两根杆子的一头，手握杆柄，全身后仰再后仰，缓缓挑起网，小鳊花、小参条、小鲫鱼们在网内欢蹦乱跳。这些小鱼不久就会在乡村集市以干鱼的形象出现，很不值钱，所以很好卖。它们就是古诗中所说的农家早餐里的“鲞”吧？

其实这种鲞很好吃，用干辣椒、葱、姜、蒜、酱拌一拌，蒸出来，就是《金瓶梅》里所说的“嗄饭”好菜。包括张爱玲在内的许多人，都曾考证过“嗄饭”。《金瓶梅》里也把它写作“下饭”。合肥人土话中有“下饭”一词，主要有两层含义：“菜”，“好吃”。例句：今天用什么下饭呢？这菜真下饭！我曾因为“嗄饭”这个词，怀疑过兰陵笑笑生也许有合肥血统呢！

一盘蒸小咸鱼，作为村夫野老的下酒菜也很妙。我外公就喜欢。苏辙的孙子苏籀也喜欢，他在《秋兴一首》中有句——

丹青简素写真行，茗酝鲞腒频草具。

——香茶、美酒、咸鱼、腌鸟肉，构成一个文人的理想生活。咸鱼可谓上得了厅堂下得了厨房啊！

秋晚兼旬雨，雨晴当有霜。
颇思游近县，亦已戒轻装。
珍鲞披绵美，寒醅拨雪香。
菊花常岁有，所喜及重阳。

——来自陆游先生的《秋雨》咏叹调中，也回旋着咸鱼的香味。在那个萧瑟的季节里，田野上不再有农妇和渔夫穿梭忙碌的身影。冬天逼近了，世界趋向深深的安宁。彼时的土墙茅草屋，是大地上一个个温暖的堡垒。早先晒干的咸鱼，虽然没有袁枚做的鲞那样精雕细琢，但在火红的炉子边，它们也能象征温饱啊……

年画中常常少不了胖墩墩的鱼，它们都是在春天来临之前抵达人家，是深冬季节里代表富裕和生机的符号，老百姓用它们装饰了墙壁，也装饰了心灵。虽然墙上挂着的鲞们，是干瘪的，但经过袁枚、陆游的烹调，不但能填饱我们的肚子，还能抚慰我们的精神。事实上，鲞，是一道深沉大餐。

很多年前的浙江人民，还能视黄鱼鲞为平常物，家家户户在年前做鲞冻肉。不管什么猪肉，只要和黄鱼鲞在一起煮，怎么着都是个好！袁枚在《随园食单》中记的操作细节是："用鲜肉同煨，须肉烂时放鲞，否则鲞消化不见矣，冻之即为鲞冻，绍兴人法也。"——绍兴离北边的杭州湾不远，他们将海洋和陆地、鱼和兽，融汇一锅，煮成，倒进缸里。年前的寒气使这道菜迅速凝固，随时可以挖一大勺上桌。在当时，这道菜流行于民间，是贫穷岁月的厚重支撑。如今，我们只能用浸泡过地沟油的富裕脑瓜子，来想象所谓贫穷的味道了。

1910年6月5日在南京开幕的"南洋劝业会"，可谓今天世博会的前身，参展品种号称百万。有一首杂诗咏道——

> 湖丝杭缎余姚布，台鲞宁蚶古越醪。
>
> 乡土他年如续志，尽收浙水到霜毫。

——台鲞的大名灿然其中。作者王葆桢就是台州人，在安徽办过教育，参加过辛亥革命，还是黄宾虹的朋友。这样的身份，足以使我们相信他的观察是有文化、有重点的。不知道当年的台鲞在劝业会上的实际影响如何，但在此诗中，它名列诸般食物之首。又有一位名震天下的美女曰董小宛者，在王葆桢之前两百年赋诗道——

雨韭盘烹蛤，霜葵釜割鳝。
生憎黄鲞贱，溺后白虾鲜。

——鲞这一路在帅哥美女笔下不绝于文史。董小宛按照现代人说法，也是个吃货。她这首诗将几种水产品罗列在一起，和袁枚写的《随园食单》味道一脉相承，目的是告诉大家啥时候以何种方式吃那些东西为妙。但其中黄鱼鲞似乎不为美女所喜，据我分析，它在诗中是唯一不新鲜的食材，而且在那明末清初的时代，也根本不珍贵，可能就是个大路货，所以美女将它拿在诗中，只为给其他几种新鲜的东西做个反衬？

历史发展过程中，好多东西都变了价格乃至价值。其实董小宛在世那会儿，作为女人，也和黄鱼鲞类似，其命运起起伏伏，身价一会儿"贵"，一会儿"贱"，不过，最终她还是很"贵"的，就像今天的正宗黄鱼鲞一样。她死后，名声与名士齐飞，在文字中传播四海。现代一位大才子曰木心，他说知名度这东西来自误解，我比较相信。很多关于董小宛的书，无非基于她的爱情传奇，而这个传奇的背景又少不了"秦淮八艳"这个妓女身份，没有这个因素，关于她的传奇可能会弱化，甚至不存在。那么这其中包含多少误会呢？就像后人对潘金莲、杨贵妃的误会一样？她们就是普通女人，不过因为被贴上妓女、淫荡、宫廷等标签，而受到瞩目。这是她们的"分量"所在，而这个分量的背后，又必定闪现着很多男人的身影。这么一扯下去，拉拉杂杂的事情全来了，很快将一个普通女人塑造为一个"庞大的女人"。别人的、后人的想象力，将误解堆砌起来。

所以，我不盼望吃黄鱼鲞，毕竟它曾经就是个大路货。正如我也不打算在现实生活中寻找一位类似董小宛的女人。我害怕误解带来的深刻失望。

# 黄姑鱼

徽州出小鱼，长二三寸，晒干寄来。加酒剥皮，放饭锅上蒸而食之，味最鲜，号"黄姑鱼"。（《随园食单》之"水族有鳞单"）

袁枚这 32 个字根本不反映实质问题：什么叫黄姑鱼？经查，出来一大堆名称，目前最常用的称呼叫"黄鲴鱼"，其他俗名亦有猪嘴鱼、黄姑子、板黄鱼、沙姑子、黄条、黄尾鱼等等，很乱，其中还可能夹杂海鱼的名称，得小心筛选辨别。一个没见过猪和大象的人，你告诉他猪就是大象，他是无从反对的，今后他甚至会转告别人，大象的肉很肥。

岳阳离南京很远，估计寄黄鲴鱼给袁枚的朋友在信中，也没详细说明什么，知道"加酒剥皮，放饭锅上蒸而食之"就可以了，"味最鲜"才是硬道理。以袁枚的洒脱，他才不想费神去寻根问底呢！且看其《自嘲》——

小眠斋里苦吟身，才过中年老亦新。

偶恋云山忘故土，竟同猿鸟结芳邻。

有官不仕偏寻乐，无子为名又买春。

自笑匡时好才调，被天强派作诗人。

——最后两句其实有点矫情了，大意是：鄙人本可以经天纬地，助皇上为乐，结果老天爷非得要鄙人在文坛上独占一席，实在推辞不掉啊！"有官不仕偏寻乐"一句里，便有黄鲴鱼的鲜美。他是一个为鲜美生活而战斗的人。

比起当代的钓鱼者，袁枚不曾享受野外收获黄鲴鱼的乐趣。这种鱼以前并不驰名，一个黑龙江朋友回忆说，他们小时候在江边，用很简陋的杆子，就能钓到黄鲴鱼，通常随手扔回水里。因为此鱼一般不大，像另一种野鱼白鲦儿，拿不出手。他曾见过数万条黄鲴鱼在江中抱团逆流而上，显然后面有大型肉食者在追捕。可惜这种场景多年不见了，环境污染以及滥捕滥杀，使这种原本不上台面的鱼儿也受到重视了。

这个世界重视哪种动植物，它就可能正在绝路上徘徊。2006年初夏，湖北随州人民普天同庆"'沙姑子'（黄鲴鱼）将以随州名命名"，并且说它"与'武昌鱼'齐名"。这就好比马克·吐温那个《王子与贫儿》的故事，一朝得世人关注，身价立马飙升，稻草变黄金。不过随州人的目的是发展黄鲴鱼的人工养殖，这对保存此物种还是有意义的。

黄鲴鱼对生活要求不高，潺潺溪流下有砂质底蕴，大石头上有青苔，再加上些植物碎片，它们便过得很快乐。夏天是它们最活跃的时候，一帮钓友在讨论黄鲴鱼时说得很有趣——这家伙嘴很嫩，很脆，在水中挣扎的力量又很大，所以提杆子时不能太快太用力，否则它嘴一撕裂，就钓不着了。我在询问有关黄鲴鱼的古代诗文时，没有一个人能回答。而网上资料又乱得一塌糊涂，菽麦难辨，所以想通过古人来给黄鲴鱼增光，还真有点困难。除了袁枚的《随园食单》外，比较显要的记载有几条在中医古籍里。李时珍说——

鱼肠肥曰鲴，此鱼肠腹多脂，渔人炼取黄油燃灯，甚腥也。南人讹为黄姑，北人讹为黄骨鱼。

黄鲴鱼，生江湖中，小鱼也。状似白鱼，而头尾不昂，扁身细鳞，白色，阔不逾寸，长不近尺。可作鲊菹，煎炙甚美。

——连华夏著名老中医都不吝夸赞其鲜美，但仍然不能广播黄鲴鱼之名，可见过去这种鱼实在太常见，易于得到，大家吃得腻了，也就无所谓。和袁枚记载的32个字相比，华夏著名老中医特别指出它"肠腹多脂"，竟可以炼油点灯，为渔民所用。今天看来，有些可惜了。因为有一道岳阳本土名菜叫"洞庭鲴鱼肚"，就是用干黄鲴鱼的鳔，加火腿、鸡清汤、肉清汤以及绍酒、姜片等做成的，土著将其列为"八珍"之一。据说该菜"汤清如镜，口味鲜美，火腿咸香，鱼肚玉白软糯，四季咸宜"云云。我没尝过，但怀疑其中有夸大鱼肚功用的成分，毕竟由鸡汤、肉汤弄出来的任何菜，都免不了鲜美。这与《红楼梦》里刘姥姥的见闻有得一比——茄鲞，原本就是个茄子，刘姥姥觉得实在好吃异常，决定回家种茄子，专门做茄鲞。经过凤姐一番介绍，刘姥姥"摇头吐舌说道：'我的佛祖！倒得十来只鸡来配他，怪道这个味儿！'"。

所以我们不能以此证明"洞庭鲖鱼肚"有多了不起，得再看看还有什么"讲头"——中医认为鱼肚具有清头目、养精固气等功效，可用于眩晕、遗精、滑精、腰膝酸软等症——原来，这道菜的对象很清晰，就是男人，而且是不太阳刚的男人。我想，咱们还是谈点别的吧……袁枚另有一首诗《上官婉儿》很好玩——

论定诗人两首诗，簪花人作大宗师。

至今头白衡文者，若个聪明似女儿？

——这里把上官婉儿捧得很高，连典出《庄子》的"大宗师"都用上了。不过这位女性在人间或许配得此称号，作为"巾帼宰相"，她在唐中宗时代无比显赫，并有能力主持风雅，代表朝廷品评天下诗文，门庭一时文士云集。这对推动和繁荣那个时代的文化，功莫大焉。袁枚很敬仰这位唐朝美女，盛赞中不乏对她的红尘怜爱之情。与那些需要吃"鲖鱼肚"的男人相比，上官婉儿可谓胸怀浩然之气。花木兰有唱词：谁说女子不如男。这又是一位意境开阔的女性形象，绝非吃"鲖鱼肚"可以抵达的境界。想做真男人，指望食物或者中医，都不行，还不如去讨教这二位美女。

五月的江南，风吹麦穗，清香扑鼻。无数的黄鲖鱼在此时的江河中甩尾欢腾，有俗人说那时的江河，就是一大锅一大锅的鲜鱼汤，这无非是临渊羡鱼的心情，倒也有点浩然意境。江南人民最喜欢清蒸"黄尾鱼"。民谚"麦黄了，尾巴黄了"将黄鲴鱼和麦子的香味并论，令人油然忆起村庄茅草房顶上袅袅的炊烟，炊烟下面是饭锅的"咕嘟"声。炊烟是煮出来、炖出来、蒸出来的吧？那时的乡村，每一缕炊烟里似乎都有鱼的游动，所以炊烟亦很鲜美，总是被文人们盛在文字中。

熟悉黄鲴鱼习性的钓友们说，因为它们喜欢啃食石头上的青苔，所以最好的钓鱼位置应该选在有砂质水底的山脚、大坝、进出水口等地方，最佳时间段是天亮至九点；下午四点至傍晚。但很少有钓友讨论黄鲴鱼的味道。大多数钓翁之意不在鱼，在乎山水之间。真正深知黄鲴鱼三味者，可能还是洞庭湖边的岳阳人。他们有一个在当地久负盛誉而未闻名全国的"巴陵全鱼席"，其中有道菜叫"酱蒸鲴鱼"。顾名思义，它是在清蒸的基础上加了更多的酱，还有个特色是装在楠竹筒里。这样的鱼肉带着翠竹的清香，灵感应该来源于竹筒饭吧？

很多年前那位从岳阳给袁枚先生寄晒干的"黄姑鱼"的朋友，就是我们生活中的"竹子"，韵味绵长。当袁枚在食单里说"岳州出小鱼，长二三寸"的时候，内心是温馨喜悦的。这样的小鱼在合肥民间只能自家留着吃，或者喂猫，而在彼时彼地竟然成为朋友间的馈赠，可见"千里送鹅毛，礼轻情意重"在人间确实存在。先前我有个疑问：黄鲴鱼常见于江南，为啥袁枚特别记载岳阳的呢？现在有了解释：那不仅仅是"黄姑鱼"，还有沉甸甸的、香喷喷的情谊。另外，江南水乡产的黄鲴鱼，可能与岳阳洞庭湖产的稍有区别，黑龙江的黄鲴鱼就比长江一带的体形小。所以袁枚也可能认为是另一种鱼。

这些猜测都无关大局。在黄鲖鱼一度大量减少之后，现在它们家族又兴旺了，不仅被一些养殖场和食客所重视，政府也对其另有"委任"。前些年的杭州西湖一带，因为蓝藻泛滥，竟然邀请四十多万尾小鱼来治理，其中包括黄鲖鱼。它的身份是蓝藻"克星"。在史籍上默默无闻的小鱼儿，如今开始有头有脸了。祝贺它们。

# "水族无鳞单" 杂记

# 说　鳗

　　"汤鳗"——鳗鱼最忌出骨。因此物性本腥重，不可过于摆布，失其天真，犹鲥鱼之不可去鳞也。清煨者，以河鳗一条，洗去滑涎，斩寸为段，入瓷罐中，用酒水煨烂，下秋油起锅，加冬腌新芥菜作汤，重用葱、姜之类，以杀其腥。常熟顾比部家，用纤粉、山药干煨，亦妙。或加作料直置盘中蒸之，不用水。家致华分司蒸鳗最佳。秋油、酒四六兑，务使汤浮于本身。起笔时，尤要恰好，迟则皮皱味失。

　　"红煨鳗"——鳗鱼用酒、水煨烂，加甜酱代秋油，入锅收汤煨干，加茴香、大料起锅。有三病宜戒者：一皮有皱纹，皮便不酥；一肉散碗中，箸夹不起；一早下盐豉，入口不化。扬州朱分司家制之最精。大抵红煨者以干为贵，使卤味收入鳗肉中。

　　"炸鳗"——择鳗鱼大者，去首尾，寸断之。先用麻油炸熟，取起；另将鲜蒿菜嫩尖入锅中，仍用原油炒透，即以鳗鱼平铺菜上，加作料煨一炷香。蒿菜分量，较鱼减半。（《随园食单》之"水族无鳞单"）

多年前单位南边小街龟缩着一家温州面馆。若不是常常有几辆宝马、奔驰车停在它门前，完全不起眼。我因此猜测它里面有好东西。毕竟温州人并不以面食取胜。进去察看，冰柜里确有十来种海味，但不构成惊喜。再看它张贴的食单，第一项：海鲜面，16元。

很大一碗端上来……我吹吹，用筷子拨拉。里面有大虾、花蛤、干贝、鱿鱼丝等等，另外还有一种似干鱼丝的东西，看不出名堂，就尝一口，呵，又咸又腥！我问老板是啥，他说是鳗鱼丝……

所以袁枚说的三种鳗鱼做法，我一个也不打算实践。因为我对鳗鱼的印象很难改变。前年春节，单位发海鲜票，我也领了一大盒，里面竟然有一条鳗鱼干。我将它扔在冰箱里，至今没再关心过……但海鲜面是好吃的，价钱也便宜得惊人。聪明的温州人是用海味造就了他们祖先不擅长的面食。

我小时候听大人说，有一种鱼叫白鳝，体形与黄鳝相似。但它们喜欢吃腐尸。据说一位农夫家的牛失踪后，数日后发现在大河里漂着。打捞上来，无数白鳝从牛尸里钻出，恐怖！后来我知道，白鳝就是鳗鱼，也叫鳗鲡。它们在海里出生，在江河淡水中长大，所以也叫海鳗或河鳗，都是同一种东西。袁枚吃的鳗鱼，可能是从长江里捕捉的吧？

三种鳗鱼做法中，袁枚都突出了用料，去其腥味："用酒水煨烂""重用葱、姜""将鲜蒿菜嫩尖入锅中"等等。但鳗鱼之腥于我而言，仿佛是从它灵魂里渗出来的，再重的香料，都无法掩盖。与它相似却不是一个种族的黄鳝，后来我就不吃了，而黄鳝的腥味比起鳗鱼还差得远。近读《西游记》，发现孙悟空对妖精的"腥风"非常敏感，我怀疑那"妖腥"或与鳗鱼有得一比。

日本人消费了世界上大部分鳗鱼。仅传统料理中的鳗鱼吃法就有12种。所以这个民族早在我们的晚清时代，就学会人工养殖鳗鱼，而中国大陆是在20世纪90年代才掌握此技术，之后80%的鳗鱼都出口到日本。与袁枚不同的是，日本人不太在乎用重料消除鳗鱼腥味，甚至有一种鳗鱼饭，只是将鳗鱼烤成金黄色，就放到饭头，配以卤汁、西红柿、黄瓜。真不敢想象入口后的感觉。我在追寻其原因的时候，不怀好意地关注到一个说法——

日本人自古认为鳗鱼有壮阳之效，各城市红灯区附近，总是有些历史悠久的鳗鱼馆子……

这不是笑话日本人，其实他们的观念也许来自我们古老的中医知识呢！我手头有几本日本人研究中医的书，他们对中医文化的传承，也许不亚于当前的我们！这，才是真正值得重视的。

《本草纲目》《掌中妙药集》《民间药提要》等中医药书说，鳗鱼是滋补圣品、解毒极品，但同时也是一种"发物"，感冒发烧、红斑狼疮等患者不宜。《梦溪笔谈》里有个故事，说某年某地劳瘵（即肺结核）肆虐，死人太多，抛弃在江边。但一位渔夫发现，有个美女躺在死人堆里，似乎还有气息。就将其抱回自己家，每天喂她鳗鱼……美女渐渐痊愈，之后做了渔夫的妻子！这个故事李时珍也引用过。可见鳗鱼在一些古人心目中的"圣品""极品"之说，可能是有根据的。

当然，我个人口味不能否定鳗鱼的美。祖先们颇多热爱它的。南宋的杭州人就能普遍接受。《梦粱录》说，那时的饭馆里，有米脯风鳗、鳗丝、炙鳗等。其中"炙鳗"大致可以对应日本人的鳗鱼饭。某些地区的古人还有个风俗，对着鳗鱼求雨！宁波有口古老的鳗井，据说里面生活的鳗鱼是"灵鳗龙王"，直到清末民初，每遇旱灾，它就能享受当地人的祭祀。

苏东坡在杭州生活的时候，与当地太守关系很好。当时城西有湖，东坡先生没事就去钓鱼，某次收获一条大鳗鱼，便兴冲冲地携酒去太守家共享。也许南方江海边的人们比大多数内陆人更能接受鳗鱼的味道。我在合肥的饭店里就很少见到用它来做菜。当然，除了口味不合的原因，更有可能是价钱原因吧？2017 年的西湖野生鳗鱼都卖到 400元一斤了。


**矶头黄鹄重相见，海底鳗鱼未易寻。**


——黄遵宪在《上海喜晤陈伯严》一诗中，似用鳗鱼比喻朋友的贵重和重逢的艰难。自小在上海生活的施蛰存先生，也曾在咏史诗中提及鳗鱼——

> 君公避乱世，侩牛狎官婢。
>
> 冯任托青盲，妻孥污床笫。
>
> 兰陵捷芒山，贪残用自毁。
>
> 东海走鳗鱼，葡萄求狗矢。
>
> 历览千载书，疑其何必尔。
>
> 岂知垂暮年，亦复亲更此。

——但诗中的鳗鱼"味道"实在不堪回首，也许象征了一段人生的落魄吧？这与后来的一道源自广东的上海名菜梅汁蒸鳗鱼，似乎在一个境界里：盘中的鳗鱼，整个身子被数十刀切成了片片花瓣状，盘曲着，倒酸梅汁，撒葱、姜、辣椒丝，狠狠地蒸十分钟。虽然我拒绝吃它，但不否认其看上去很诱人！

中国人吃的鳗鱼，都是从菲律宾、马来西亚那边游过来的。彼处深海适合鳗鱼产卵，一条鳗鱼能产 700~1000 万粒。海流将这些鳗鱼苗送到中国、日本、朝鲜海岸，再洄游至内陆江河……这趟旅程可谓波澜壮阔！古代的开封人永远不知道，他们那边河流里的白鳝（即鳗鱼），竟然是"异国风味"！后周有位叫杨承禄的诗人，与清朝才子袁枚隔空呼应，也善于制作鳗鱼菜。据说他有一道滋味醇厚"脱骨白鳝"，震动朝廷，皇帝、后妃们趋之如鹜，美其名曰"软钉雪龙"。这名字挺好，可惜传到现在，改叫"清蒸鳗鱼"了。

欧洲也有鳗鱼。但在古代主要是穷人的食品。中世纪的时候，鳗鱼还被他们作为醒酒药使用。不过，吃法实在难以推广——宿醉醒来的早晨，生吃一段鳗鱼！在我看来，还不如袁枚的汤鳗、红煨鳗、炸鳗呢……

# 说甲鱼

"生炒甲鱼"——将甲鱼去骨，用麻油炮炒之，加秋油一杯、鸡汁一杯。此真定魏太守家法也。

"酱炒甲鱼"——将甲鱼煮半熟，去骨，起油锅炮炒，加酱水、葱、椒，收汤成卤，然后起锅。此杭州法也。

"带骨甲鱼"——要一个半斤重者，斩四块，加脂油三（按：乾隆本为"二"）两，起油锅煎两面黄，加水、秋油、酒煨；先武火，后文火，至八分熟加蒜，起锅用葱、姜、糖。甲鱼宜小不宜大。俗号"童子脚鱼"才嫩。

"青盐甲鱼"——斩四块，起油锅炮透。每甲鱼一斤，用酒四两、大茴香三钱、盐一钱半，煨至半好，下脂油二两；切小豆块再煨，加蒜头、笋尖，起时用葱、椒，或用秋油，则不用盐。此苏州唐静涵家法。甲鱼大则老，小则腥，须买其中样者。

"汤煨甲鱼"——将甲鱼白煮，去骨拆碎，用鸡汤、秋油、酒煨汤二碗，收至一碗，起锅，用葱、椒、姜末糁之。吴竹屿家制之最佳。微用纤，才得汤腻。

"全壳甲鱼"——山东杨参将家，制甲鱼去首尾，取肉及裙，加作料煨好，仍以原壳覆之。每宴客，一客之前以小盘献一甲鱼。见者悚然，犹虑其动。惜未传其法。（《随园食单》之"水族无鳞单")

早期的鳖进得了厨房，也上得了厅堂。前者是因为鲜美，后者是因为神圣。祖先们将鳖与龟几乎并列为吉祥长寿象征，富有灵性。很多神话传说中都有它的身影。比如，女娲当年用鳖的四只脚撑起天空，这份功劳连大象都不能拥有。而鳖的见识也超越一般动物乃至人，因为《庄子》寓言中就有一只来自海边的巨鳖，告诉井底之蛙世界是多么辽阔。

所以，袁枚用六种方法烹调鳖（即甲鱼，或叫团鱼、王八等），一定是有很悠久的历史传承的。这种古老的动物陪伴我中华民族，是从文化起源时代开始的。而它自身的出现，早在数亿年前，恐龙们在公交车上见到鳖，都得赶紧让座。

我外婆善于做红烧鳖。20世纪80年代的合肥乡村，鳖很多。有一次我舅舅去池塘边放牛，老远看见一只鳖在岸边草丛里趴着，似乎正晒太阳呢！就举着棍子悄悄溜过去……其实鳖非常机灵，动作迅速，它用那双绿豆小眼也观察我舅舅很久了，未等他靠近，嗖嗖嗖地越过草丛，一头扎进水中。就在我舅舅懊丧的时候，忽然发现老牛蹄子下泛血色！大惊！用棍子一捣，居然捣出一只被踩死的鳖！所谓"失之东隅，收之桑榆"，大概就是这意思。当天我外婆将这只3斤重的大鳖剁成块，加葱姜蒜、辣椒、土酱一起烧，其鲜美应不输于袁枚的"酱炒甲鱼"。

因为多，鳖在那个时代的乡村是个贱物；又因为丑，那时的鳖是不能待客的。这一点与祖先对鳖的推崇相去甚远。西周有个小官职叫"鳖人"，专门负责供应帝王厨房用鳖。您别瞧不起，即便王宫前看门的，见官可能都高一级呢，何况"鳖人"这么重要而亲切的帝王身边侍从。古代还有以鳖为姓的，我猜或许与这个古老的官职有关。

到了袁枚时代，鳖依然常见于江河、池塘。六种烹制方法显示，民间对鳖的吃法花样可能还要多十倍。因为南京那边接近上海、苏州，喜欢甜，所以有的做法如在"带骨甲鱼"中放了糖。这一点我不赞同，因为会凸显鳖的腥味。我个人最认可的，除了红烧，就是类似"全壳甲鱼"的做法。不过后者一般厨师不会弄，我只是在饭店吃过几次。袁枚提及"山东杨参将家"善于做，且端上桌时让客人以为它是活的，这手艺可谓高超。

现在婚宴中常见鳖。当年不能待客的东西身价越来越高，已经涉及请客者的面子了。但我是从来不吃这种鳖的，因为关于人工养殖鳖有很多不美的传说。小时候见多了野生鳖，我对养殖的鳖能够分辨，比如，野生的爪子尖锐，而养殖的是在水泥池，爪子磨得秃了。野生鳖脂肪少，且呈黄色，而养殖的脂肪多且泛白。这种动物天性爱自由，又聪明，人工养殖出来的，大概还会有点精神问题吧？种种心理作用使我不能接受餐桌上的养殖鳖。陆游在《道上见村民聚饮》中有一段——

> 市垆酒虽薄，群饮必醉倒。
> 鸡豚治羹臛，鱼鳖杂鲜槁。

——这里面的野气和人情很浓郁，非现代餐桌可比。养殖鳖对应的时光，不那么静好。饭店里虽然闹哄哄的，却不过是一群乌合之众，吃过也就散了。

考古显示，浙江余姚古人类遗址出土的锅灶边，有鳖甲，其味道应与陆游时代接近吧？我真正担心的是，人工养鳖会不会破坏鳖的重大内涵？中医视鳖全身为药材，比如鳖颈可以治疗脱肛，腹板可以滋阴降火，鳖肉提高母乳质量，等等。在自然环境下，鳖能达到的使用高度，也许会被水泥池以及特定的食物摧毁呢？希望有真正的专家来说说。

晋代大文人陆机曾遵皇太子之命作《鳖赋》，赞其"从容泽畔，肆志汪洋。朝戏兰渚，夕息中塘"。与其说这是鳖的美好，不如说是环境使然。否则，请陆先生站在浙江养鳖基地的水泥池边再写一篇试试？

目前，中国市场上的鳖一半来自浙江，可见这行当在彼处已经很成熟、很成功。不知那些鳖心情如何？上面说了，古人认为鳖很有灵性，甚至善于托梦给人表达自己的诉求。传说南宋有位程裁缝，梦见一个黑大汉请求救命，必厚报。翌日晨，裁缝在街头遇见四个人抬着一只大鳖卖。裁缝想起昨夜之梦，赶紧卖家产筹款买下它放生。当地人们十分感动，后来纷纷凑钱帮助裁缝还债，他因此大赚一笔。就是说，作为远古的神物，鳖与人的关系渐渐普及民间，其中洋溢着信任。而唐肃宗当年在位特别为龟、鳖设置的 81 个放生池，现在普见于中国宗教场所，这一路，有过多少关于鳖的梦想与传说啊？

宋代鲁应龙撰《闲窗括异志》有道："鼋鼍龟鳖，水族中之灵物也，人岂可杀乎？"其中对鳖的敬畏，似深植于先民泛神论，而这一切又指向对整个大自然的爱与怕，思想情绪很复杂吧？再丑陋渺小的事物，在古人心中都可能随时升华。

虽然馆子里的鳖们社会地位低下，价格却居高不下。为了享受鳖的美味，咱们才不管那些古老的文化呢。现在一般市民都不会处理鳖，这事挺有危险性。一位老厨师说，要将鳖翻过来，肚皮（腹板）朝上，鳖会伸头、爪，扭动翻身。趁机一刀剁头，扔进80℃的热水中烫几分钟，再蜕皮，剖开……这一套血腥程序还是不看的好。

最近我在饭店遇到一道号称野鳖做成的"汤煨甲鱼"，名称与袁枚的完全相同。经检验，野鳖似真，但味道是不是和袁枚的一样，就难说了，因为他们用的鸡汤，似有鸡精的味道。好好的野鳖，就让它在餐桌上"野"下去多好呢？我很怀念外婆做的土酱，几乎适合一切食材。那时没有鸡精之类的东西，菜肴却丝毫不减其鲜美。

# 说 鳝

　　"鳝丝羹"——鳝鱼煮半熟，划丝去骨，加酒、秋油煨之，微用纤粉，用真金菜、冬瓜、长葱为羹。南京厨者辄制鳝为炭，殊不可解。

　　"炒鳝"——拆鳝丝炒之，略焦，如炒肉鸡之法，不可用水。

　　"段鳝"——切鳝以寸为段，照煨鳗法煨之，或先用油炙，使坚，再以冬瓜、鲜笋、香蕈作配，微用酱水，重用姜汁。（《随园食单》之"水族无鳞单"）

　　小时候吃过很多黄鳝，大多是母亲红烧的鳝段，与袁枚的"段鳝"主要差别在：没有鲜笋、香蕈。20 世纪 80 年代的中国百姓太穷，只能从菜园里掐点葱、蒜、辣椒做配料。不过那味道也够好。至于炒鳝丝、鳝丝羹，我在饭店吃过，但印象不深，还是红烧鳝段最痛快。

　　那会儿黄鳝也不值钱，田野、沟渠里多得是。那时我住在一座清代庄园改建的中学校园，周边有些年轻的农民在夏天会悄悄进来偷竹子，我还帮他们望过风，因为可以得到一个黄鳝笼的报酬。

　　所谓黄鳝笼，是篾片编制的一种长笼子，与小孩手臂前半段差不多大小。一头开口，口内有倒伸的篾片。将这东西装点不值钱的碎猪肝，放进水田或沟渠，就能吸引黄鳝进去，因为有倒篾片挡着，它们出不来。非常好玩。我还跟着这些农民在田野上收黄鳝笼，通常里面只有一条黄鳝。不过，那都是真正的野生黄鳝。现在市场上很多肥美的黄鳝，据说是加了避孕药养殖出来的，有点耸人听闻。

作为一种季节性食材，每年到这时候，夜晚的田野里就有抓黄鳝、泥鳅的人，带着电筒四处游走，构成我童年记忆中一道神秘而美丽的风景。由于农药的大量使用，现在野生黄鳝少了，价格高了。我妻子舅舅家那边，至今还有位老光棍为增加收入，夏天晚上去田野抓黄鳝，每天赚百十元比较轻松。

也许这种抓黄鳝的环境容易产生故事吧？乡下关于黄鳝的传说颇有意思。比如"望月鳝"，说这种从水里伸头望月的奇怪黄鳝有剧毒。古代有人故意用望月鳝，害死自己的仇人。有经验的养殖户解释说，黄鳝"望月"，多半是因为缺氧快死了。而濒死的黄鳝身上毒素增加，如果死后时间较长，人吃它，也会导致中毒呢！即便健康的活黄鳝，血液也是有毒的，不可以生食，会损害人神经系统。但古代中医却善于用黄鳝血治疗人鼻子出血，或者将其滴进耳朵，治慢性化脓性中耳炎——运用之妙存乎一心，千万别乱试验！

杂莼多剖鳝，和黍半蒸菰。

——这是元稹《酬乐天东南行诗一百韵》中的一句。黄鳝与莼菜那时都是民间常见的季节性食物，当代人看着是否妒火中烧？而早在元稹吟诗之前的一千年，中国人已经将黄鳝载于典籍。《山海经》提到灌河之水中很多黄鳝。梁朝名医陶弘景认为黄鳝是"荇苓根所化"，而"荇"是什么呢？一种类似莼菜的水生植物，即《诗经·关雎》里的"荇菜"，也是合肥人俗称"海秧"，过去主要是喂猪的。其根细长，扎在水底的泥中。说它能变黄鳝，陶医生的想象力蛮丰富的。

古人对黄鳝的认识颇多趣味性。传说华佗被曹操打进大牢后，自知不能保命，就想着把一生所学传授后人。写书一册，托人传送，结果被曹操追杀，书也烧成灰。碰巧黄鳝看见，就吃了这纸灰。从此黄鳝成了很好的药，能治病。民间认为"小暑黄鳝赛人参"——食物、药物就兼顾了。连皇家都挺重视黄鳝，宋代有《玉食批》一文，传说是从宫廷流出的菜单。其中"下酒十五盏"的第七盏是：鳝鱼炒鲎、鹅肫掌汤蕌。黄鳝在其中显然很重要。

先生早擅屠龙学，袖有新硎不试刀。
岁晚亦无鸡可割，庖蛙煎鳝荐松醪。

——黄庭坚在《戏答史应之三首》中提及黄鳝，倒不是推荐美食，而是有点悲凉地叹息朋友的大才华被埋没的意思。不过，其中"煎鳝"暴露了宋代人的吃法，可能与袁枚的"段鳝"用"油炙"有点相似。我不喜欢用油煎或炙鱼类，鲜味会大量丧失。关于黄鳝的菜谱中，有一百多种吃法，大多不体现这一点，是有道理的。还不如简单地用大蒜瓣加葱、姜、黄酒、酱油焖一锅呢！有人试过用黄鳝与肉同烧，取名为"龙虎斗"，名字虽不贴切，但其鲜味却可以想象与期待。

现代研究表明，黄鳝所含的"黄鳝鱼素 A""黄鳝鱼素 B"能降血糖，对糖尿病人大有裨益。而日本人则研究出，吃黄鳝可以增强视力，平衡皮肤代谢。但这些功用都比不过黄鳝的壮阳效果。由此我怀疑，当年冯玉祥将军带兵打仗，或许也想利用黄鳝这一点，来增强士兵的战斗力，因为他在一首叫《夜火》的顺口溜中写道——

稻谷才收毕，田中见鳝鱼。

夜间燃野火，捕捉趁未犁。

毕竟士兵们生活清苦，鼓励他们去捕捉加餐，肯定大受欢迎。相信这位"布衣将军"与我猜的一样。其中"捕捉趁未犁"一句，令我童年的记忆又鲜活起来——外公当年犁田，犁断过很多黄鳝、泥鳅、青蛙。顺手将断黄鳝、泥鳅捡起来扔篮筐里，给我外婆整治，中午就是一顿美餐。那时在乡下获得一点鲜美物什，真的好方便。

黄鳝这种凶猛的鱼类，在人面前完全没有一点儿尊严。我小时候曾怕过它，因为被它咬过指头。它的日常食物包括了青蛙、小鱼——别以为它是吃素的！印象特深的一条野生黄鳝，生活在查小宝家门前的莲花池里。这个池子是晚清一位大地主家修的，池壁由大块青石垒砌，多缝隙、洞口。那个夏天的傍晚，一条很粗的黄鳝伸头吃食，被查小宝发现，第二天就找来铁丝，磨尖一头，弯成钩，穿上一条很粗的蚯蚓，伸到黄鳝洞口……

那可能是一条即将成精的大黄鳝！在反反复复试探之间，我在一旁看着都失去耐心了，它就是不上钩！

最后终于钓着的时候，查小宝几乎用尽全身力气，才将它从洞里活生生拉出来。当晚，查家人美美地吃了顿红烧大黄鳝，据说它有5

斤重，一时在校园里被传为奇谈，连附近村民都知道了。而今，我获悉浙江湖州有人前些年在水库抓住过一条重达 36 斤的黄鳝，相比之下，我童年所见也不过尔尔。

# 说　虾

"虾圆"——虾圆照鱼圆法。鸡汤煨之，干炒亦可。大概捶虾时不宜过细，恐失真味。鱼圆亦然。或竟剥夺虾肉以紫菜拌之，亦佳。

"虾饼"——以虾捶烂，团而煎之，即为虾饼。

"醉虾"——带壳用酒炙黄，捞起，加清酱、米醋煨之，用碗闷之。临食放盘中，其壳俱酥。

"炒虾"——炒虾照炒鱼法，可用韭配。或加冬腌芥菜，则不可用韭矣。有捶扁其尾单炒者，亦觉新异。（《随园食单》之"水族无鳞单"）


袁枚提及的虾圆、虾饼、醉虾、炒虾我全吃过，算算有生以来，吃过的虾菜不下 20 种。惭愧的是，那些名字响亮的虾菜，在我看都比不上糊虾、蒸干虾。当然，这里只是说淡水虾类。

合肥乡下过去主要有两种捕虾方法。其一是晚上用"挑虾网"放进池塘，网中央撂一团细糠、面粉与香油混合成的饵料。这样的网通常一次扛十来把出去。待全部安置好，稍等片刻，就从第一个网开始"挑"。所谓挑，是指那收网的动作。当虾网水淋淋地挑起来后，可以听见"大国爪（音：找）"在里面"嘭嚓嚓"。大国爪是我们对大虾的土称。约两小时后，就可以带一脸盆虾收工了。袁枚所言的虾圆、虾饼、醉虾三种，估计与这种淡水大虾关系密切。

另一种捕虾方法，是用推网。那时一个合肥农夫说"我去推虾"，意思就是到池塘、沟渠，用这种能推能扒的网，在水草里工作。不过那种草虾很小。晒干后，它们泛红色。袁枚所言之炒虾，很可能用的是草虾，或大水面里出产的小白米虾。

为什么我只推崇糊虾、蒸干虾呢？因为前者最鲜，后者最香。这是所有的虾菜难以达到的美味高度。而这两种都是乡村最土的吃法。

先说糊虾，也叫虾糊。乡下是用米粉与草虾或白米虾在窑盆（一种简单陶器）里搅拌一下，放油盐酱、葱姜、辣椒，冲一些水，蒸。它的鲜味很强烈，似乎超过味精。糊虾既可以下饭，也可以单独吃。嗯，我是说我自己一次可以喝掉一盆虾糊，不需要其他任何食物来配它——因为配不上。

蒸干虾属于小菜。最好是用晒干的草虾——而不是其他任何一种虾——也是放窑盆里，将葱姜蒜、辣椒切碎，加点土酱和盐油，与草虾拌拌，蒸。这是世界上最下饭的菜。哪怕你那天不小心多撒了盐，也不影响它的香。并且这种香味不是用鼻子闻，而是咀嚼时在舌头味蕾上渗透的。有人说它类似虾酱的香味，或许有点接近，但绝对是蒸干虾更胜一筹！

袁枚没有记载这两道纯粹的土虾菜，是其口福不够。王维在《赠吴官》中有两句——

江乡鲭鲊不寄来，秦人汤饼那堪许。

不如侬家任挑达，草屩捞虾富春渚。

　　——穿着草鞋捞虾之景象，自唐朝至 20 世纪 80 年代的合肥乡村，是一样的，就像糊虾与蒸干虾的味道，在乡间绵延至少千年，从不改变。但，饭店里的糊虾和蒸干虾就不合我意，根本原因是过于讲究用调料，而不是简单地撒点葱姜蒜和土酱之类。真正的土菜，一定要土得掉渣才行，任何现代技术开发的小聪明都别耍，那是在心脏里安装支架——是好意，却完全没有美。

　　所有虾菜中，我最讨厌的是醉虾。既残酷，也不卫生，更不鲜美。但它居然流行于几乎所有上档次的饭店。好在袁枚的"醉虾"不是活生生吃，而是用酒炙黄，加清酱、米醋煨出来，这个尚可接受。后来的赵四小姐也会做醉虾，且与袁枚不一样，为张学良及其朋友张大千等一干人赞赏。这道菜在高雄海边，用的是海虾仁，酒泡两小时，油锅爆炒，加盐、姜丝、肉丁、蒜泥、韭花和芥末，再浇香葱、海带丝烧成的汤汁。我没试验过这种做法，因为其复杂的做法，使我怀疑虾仁失去了本味。

　　但古籍对醉虾记载不少。早在唐朝就有刘恂著《岭表录异》一书，说"南人"喜欢买小虾，回去用浓酱醋泼洒它们，"以热釜覆其上"，吃虾的时候，有的还从醋碟里蹦出来！刘恂看着惊心，"以为异馔也"。所以在古代的内地，醉虾这道菜一度被政府禁止。但明智的政府是不该这么做的，只会导致民间对它更感兴趣。

清代一位文人祁珊洲道：一夜东风吹雨过，满江新水长鱼虾。这种景象符合我小时候在乡下所见。虽然水面没长江那么壮美，却是小鱼虾的乐园。宁静的池塘里，鱼虾的偶尔蹦跳，与岸边蜻蜓、鸟雀的飞舞相映成趣。

后来看过一些关于虾的画，往往能勾起安宁的回忆。清代画家高其佩用指头所作《虾图》，与我儿时趴在校园壕沟边石头上，探看水下的"大国爪"是一样一样的。这种较大的淡水虾两只长长的钳子并不灵活，在水下觅食，只能用它夹不会动的食物，遇到危险，这钳子也不是厉害的防卫武器。但它与画中虾表现的安宁和满足很融洽。袁枚所言的虾圆和虾饼，用的不知是不是"大国爪"？在淡水虾中，它的肉比较多。不过，合肥乡下人过去就不推崇它，似乎没有草虾或白米虾鲜美。而且，稍老的"大国爪"的钳子和腹部，往往长有像青苔的东西，脏兮兮，弄不掉。

大约20世纪80年代初，合肥乡下开始出现目前流行全国餐馆的小龙虾。我首次见到十分惊喜，因为它的外貌与书上的海虾太相似。据说它们是从北方渐渐蔓延来的。早在国人还不习惯吃它的时候，我已经爱上了油炸小龙虾，蘸醋。这种小龙虾对草虾、"大国爪"的生存冲击似乎很大，因为它们的大钳子完全可以轻易夹碎本土虾。我曾将"大国爪"拴在线上，钓小龙虾，屡屡得手。要说糊虾、蒸干虾之外还有什么让我喜欢的虾菜，就是香辣小龙虾了。但最近几年我没再吃过它——新闻中的可怕说法令人胆寒。

淡水虾除了上餐桌，就是被民间当药方使用。但现代人通常不了解。过去乡下治疗肾虚阳痿，颇喜欢用温酒送服虾肉。妇女乳汁不够，也可以用鲜虾肉配黄酒热服来催一催。我都不敢想象其味道。另外，还有些关于吃虾禁忌的传说，如虾和南瓜同食会引起痢疾；虾皮和黄豆同食导致消化不良。但这两种吃法我都无意中干过，似乎没有产生不良后果啊？

# 附录：五条来自《诗经》的鱼

# 鲤：孔门祖先因它得名

20世纪七八十年代的年画中，常见一个胖娃娃，骑在大红鲤鱼背上，怀中抱着金黄稻穗。有时我会凝视它，想象着：这么大的鱼，可以煮一锅。

我自小喜欢吃鱼。母亲说，再细小的鱼刺都能被我吐出来。然后大人会夸奖我聪明。这一点被我记住了，数十年后，我仍然拿这话炫耀。

对于吃鲤鱼的特殊记忆，是过年的餐桌上，它肥肥地躺在盘子里，却不许吃。因为父亲说"年年有余"的好彩头不可破坏。只有等到正月十五之后，才能吃它。但那时候，盘子里的鲤鱼完全不新鲜了。

> 岂其食鱼，必河之鲤？
>
> 岂其娶妻，必宋之子？
>
> （《诗经·陈风·衡门》）

现在农村稻田里比较流行养鱼。鲤鱼是很好的品种，因为它生命力强，以致作为外来入侵物种，在美国已经泛滥成灾。打开手机看视频，不时能遇见相关报道——不宽的河流中，小汽艇驶进去，惊起鲤鱼无数，在水面上下翻飞，有的竟然跳进船舱。问题是美国人不吃鲤鱼，奇怪吧？他们真应该好好品读《诗经》中《衡门》一章。

那时的中国人将鲤鱼视为珍馐，是鱼中上品。不过在今天的市场上，鲤鱼的地位降低了，这与其产量大导致价格不高有关。我家离巢湖不远，经常能见到那里的鱼贩子或渔民，用小卡车装鱼叫卖，其中有很多鲤鱼。但体形通常像鲫鱼一样，年画中的大胖鲤鱼很罕见。显然，现在的鲤鱼很难在水里多游几年，渔网是它们短暂生命的定时闹钟。

英国有个叫安迪·哈曼的大叔，曾用50分钟捕获一条一百多磅的鲤鱼，创世界纪录。2014年8月19日《每日邮报》特别报道此事。这就证明了我幼时看到的年画，并没有太夸张。而这么大的鱼，在日本不做生鱼片就可惜了……

日本人对鲤鱼的热爱，可能源自中国文化，因为鲤鱼的一些象征意义，与咱很接近，比如五月男孩节这天，日本人会在家门前悬挂鲤鱼旗，有鲤鱼跃龙门、望子成龙的含义；新年迎财神，用"元宝鱼"，也体现鲤鱼招财的吉祥寓意。但与中国民间相比，关于鲤鱼的艺术作品，日本人还是不够丰富，比如剪纸，我们老祖先弄出的花色数不胜数：连年有"鱼"、吉庆有"鱼"、富贵有"鱼"等等。


鲤鱼浪飒苔花风（明·蒲庵禅师·《题米南宫云山图》）

接得双双锦鲤鱼（宋·释了惠·《偈颂七十一首》）


佛家也喜欢鲤鱼，主要是因为鲤鱼的另一些寓意，比如友情。古人还喜用鲤鱼形木板做成盒子装信——上面引用的"接得双双锦鲤鱼"，显然是远方来书。

但鲤鱼最大的荣耀，可能还是作为孔子儿子的名字。据《风俗通》《太平御览》等古籍记载，孔子太太生了一个男孩，鲁国国君派人送来鲤鱼。孔子"嘉以为瑞"，将儿子名为"鲤"，字伯鱼。而关于鲤鱼的文化史，至少可以追溯到周代。

鲤鱼中最美丽者是艳色图纹锦鲤，简直是活的艺术品，非常名贵。但很难见到实物。网络搜图也可一睹芳容。在一些寺院放生池里，有时可以碰见非常好看的鲤鱼。漫长的历史长河中，鲤鱼已经被人工培育出游弋多姿的品种：红鲤、团鲤、草鲤、火鲤、芙蓉鲤、荷包鲤等等，观赏的用途越来越大，食用的名声反而远远不能相比。

还有一个价值是药用。中医典籍里的鲤鱼，几乎全身是药。用不同的方法吃，能治疗不同的病症。但也有一些忌讳，民间认为鲤鱼是发物，恶性肿瘤、淋巴结核、红斑狼疮、支气管哮喘、荨麻疹等患者绝不可用。据说还不能与狗肉、葵菜同食。

但总体来说，鲤鱼的吉祥喜庆含义是主流。泉州古称"鲤城"呢！因为他们认为自己生活的城市，看起来像一尾活的鲤鱼！

# 鳢：小心，别把这种鱼淹死了

校园壕沟里有乌鱼出现，在水草边带娃儿。我和小伙伴们看到有人来钓它。那是三十多年前一个阳光灿烂的午后。

那人戴着草帽，脸黑红黑红，显然是个老渔夫了。他腰间挂着一个竹篓，手持钓竿。但他没有急于钓乌鱼，而是放下杆子，到附近小水沟里寻找什么……

一会儿，他回来了，手里抓了只青蛙，已经被摔死。他将青蛙挂在鱼钩上，伸出去……

青蛙在水面抖动，像活的。我亲眼看见一条大乌鱼蹿出水面，一口咬住青蛙！

那人立即甩竿，大乌鱼扑棱棱地掉在草丛里蹦跶……

> 鱼丽于罶。鲿鳢。
>
> 君子有酒，多且旨。
>
> （《诗经·小雅·鱼丽》）

《诗经》里的祖先们并不忌讳吃乌鱼（鳢）。但后期人们认为乌鱼为孝鱼，导致民间反对吃它。道教文化中就有"四禁食"一说，除了牛、雁、狗，还有乌鱼，便是基于其"孝"。

其实这是个误会。我小时候所见的乌鱼带娃儿，确实挺感人。老乌鱼为保护小崽，很拼命，但这是天性；而小乌鱼在老乌鱼嘴巴里进进出出，是躲避灾难的天性；老乌鱼在饿的时候，会自然地吃掉小乌鱼，还是天性……

总之，乌鱼的一切行为，都是天性，没有伦理指导。孝鱼一说，源自人情而已。还是《诗经》里的祖先们豁达，吃就吃呗！毕竟乌鱼的肉很鲜美。

同治年间的泰州，有一位姓查的厨师，手艺极高，创造一道名菜"烧大乌"——将乌鱼养在木桶里，现场为客人宰杀。也不知道他用的啥料，反正揭锅前不添加任何东西，为了不走味。端出来后，红亮而鲜嫩，名震一方。

为此，我曾在市场上买过一条乌鱼回家品尝。无法模仿那位查厨师，只是用它做酸菜鱼。应该说，乌鱼肉有点像鳜鱼，口感特别。而这两种鱼都是淡水中凶猛鱼类，是肉食性的。有趣的是，乌鱼是少见的能被水淹死的鱼——如果水温高的话，它就难以呼吸。

现在野外水域罕见乌鱼了。过去春夏天的野外水沟里，都能捕捉到很多小鱼虾，随着化学农药的普及，这些野生小动物数量锐减，导致乌鱼的生活也被颠覆。原本凶猛猖狂的它们，转而去美国办了绿卡……

2002 年，美国媒体首次惊现乌鱼身影。也不知它们是如何移民的，据猜测，可能是宗教人士放生带去的。总之，美国出现乌鱼的水域，生态受到明显影响。毕竟它们在那里没有天敌，几乎可称霸一方。电影《哥斯拉》里的怪物您有印象吧？我看美国人干脆给乌鱼改名"鱼斯拉"，甚至发挥想象拍了个恐怖片《科学怪鱼》。

从孝鱼到"鱼斯拉"到"科学怪鱼"，乌鱼这一路的形象转变令人扼腕。但这不是乌鱼的错，美国人应该下定决心尝尝它的味道，再做结论。

　　乌鱼不仅仅是高营养品，也是很好的药品。治水肿、湿痹、脚气、痔疮等等，乌鱼样样都行！但小孩、老人等抵抗力差的，应慎食。

　　我喜欢这种生命力极强的鱼。小时候看它们在水草边游戏，乌黑的背影似乎在显示大无畏。有人做过实验，将乌鱼扔在潮湿阴凉的陆地，它竟然生存半个月！与肺鱼有得一比！

　　乡下老人告诉我，过去遇到旱季，池塘干涸，一般鱼虾死光光，但仍可以下塘去寻找乌鱼。方法是挖泥巴，因为乌鱼能躲在里面，将嘴巴伸出泥巴外，耐心等待雨水再次淹没……而雨季里，农夫有时会在河埂的泥巴和草丛里，发现乌鱼扭动着身子，向另一片水域迁移。它不但生命力强，还非常聪明呢！

# 鲦：不但下饭，更能下酒

风风火火、莽莽撞撞的小孩容易出乱子，大人批评他是"硬头鲹子"。鲹子又叫鲹鲦，学校壕沟里很多。

夏天钓鲹鲦是我和小伙伴们的必修课。也容易：先去查小三家门前假山边砍一棵细竹，削掉枝叶，系上鱼线鱼钩；再去查小三家北侧厕所里抓一瓶绿头苍蝇（掐掉翅膀），就可以去壕沟钓鲹鲦了。

"硬头鲹子"发现水面有苍蝇，射箭似的冲过来，一口叼住，甩头就走。我们只要一提竿子，它就活蹦乱跳地出来了。

有鳣有鲔，鲦鲿鰋鲤。

（《诗经·周颂·潜》）

《潜》中的"鲦"至少有两种解释：鲹鲦、翘嘴鲌。后者在我看来，就是巨型鲹鲦，合肥土话称"白丝"。它们并非同一种鱼。

小时候钓鲹鲦，往往一下午能收获半脸盆。这鱼儿大多十来厘米长，重不足 2 两。是那种上不得台面的杂鱼。回家交给母亲，通常是在它"下巴"处掐个口，挤掉内脏，放在筛子里暴晒。

数日后，鲹鲦干巴巴地翘在筛子里，就可以抓一把放在窑锅（一种陶制小菜盆）里，撒盐、油、酱、辣椒、葱花、姜丝等，放在饭锅里蒸。

揭开锅的时候，咸鱼香味挺诱人。再将它们拌一拌，很下饭。

所以我直觉认为，《潜》中的"鲦"可能不是鳑鲦这种小菜，而是体形很大的翘嘴鲌。但我不喜欢翘嘴鲌，嫌它肉里面细刺多，吃着麻烦。而鳑鲦虽然也多刺，却更细小，可以直接连着鱼骨一起吃掉。而之所以将其当鳑鲦来写，是因为王维有篇诗文《山中与裴秀才迪书》说，他有一次去山里玩，看见——

……草木蔓发，春山可望，轻鲦出水，白鸥娇翼……

那么，先秦时代的人们，既然将"鲦"入诗，未必不怀有与王维类似的喜悦。所谓"轻鲦"，肯定不是那种数斤重的翘嘴鲌，而是我小时候钓的鳑鲦。况且王公贵族日常也需要小菜点缀餐桌。我妈蒸的那种小咸鱼，不但下饭，更能下酒。周文王、周武王们吃够了山珍海味，品尝这种小菜，说不定龙颜大悦呢！

另外，我一直认为中国古代民间医药学应非常发达，否则不好解释中国人口在历史上为何一直比大多数外国民族繁盛。如果用早期农业就很发达来解释，那么恒河、幼发拉底河、底格里斯河、尼罗河等古代文明的农业发展，并不亚于中国先民呀？所以，民间医药学可能是个重要因素。

而我们先民对大自然里各种不起眼事物的运用，除了在中药店，至今还能在很多"偏方"类古籍中看到。鳑鲦就是其一。李时珍说煮食鳑鲦可以"暖胃""止冷泻"。难道先秦的中国人就一定不知道吗？也许，从百姓到王公，都时而用它做药呢！

鳑鲦对水质要求高，现在很多中国河流、池塘已经没有它们的影子了。而所谓"水质好"，无非就是我小时候钓鲹鲦的那条壕沟的水质标准而已。根本无须检测、保护，就是自然而然的野水罢了。鲹鲦们在水面游荡，背部隐约可见。它们喜欢成群结队，头鱼往哪里游，其他鱼毫不犹豫地跟着跑。所以，钓鲹鲦的最大乐趣是，你随时甩钩，随时有收获。数分钟能把那一群鲹鲦转移进脸盆。

在德国的河流里，鲹鲦也很常见。但他们显然比我这个吃货思考得更深刻。该国动物学家霍斯特就因为研究鲹鲦，提出一个"头鱼理论"（也叫：鲦鱼效应）。他将头鱼脑后控制行为的部分割除后，此鱼行动紊乱，但其他鲹鲦仍盲目追随！这个理论或效应在企业管理中经常被提到。我觉得它更像一则寓言，是对人类的调侃。


> 紫蔓青条拂酒壶，落花时与竹风俱。
> 归时自负花前醉，笑向鲦鱼问乐无。


——唐代诗人独孤及在《垂花坞醉后戏题》中，将鲹鲦视为小伙伴，映衬自己的自由、快乐，很潇洒的样子。其实我小时候也是个"硬头鲹子"，现在回味，暑假里和伙伴们无忧无虑地结伴奔跑、玩耍，与壕沟里的鲹鲦情况完全类似。所以，诗人所问，我可以代鲹鲦做出肯定的答复。

# 鳢：红烧、炖豆腐，给新妈妈催乳

校园壕沟淤泥多，水草繁茂。这是鲶鱼最喜欢的环境。父亲周日无事喜欢钓鱼，我没事就去看看。

一天傍晚，父亲正钓鱼，被人喊去，临走时将鱼竿交给我。我就站在壕沟边举竿等着。

忽然鱼浮子就动了，被拖着走了！赶紧提！居然提不出水！杆子也弯了……

这鱼肯定大！我兴奋得脸红气促，悠着竿子慢慢拖，终于将鱼提上岸——一条2斤多重的鲶鱼（鲇鱼），我们也叫它胡子鲶。

这是我童年时代钓到的最大的鱼。当晚母亲将其红烧。

有鳣有鲔，鲦鲿鰋鲤。

（《诗经·周颂·潜》）

可以想象先民在春、夏、秋三季的河流、湿地里，不小心就会踩到一条"鳢"，即鲶鱼、鲇鱼、胡子鲶。现代中国比较偏僻的乡野，这种景象依然存在。鲶鱼繁殖快，适应性强。我甚至看到有个外国城市肮脏的沟渠里，鲶鱼们挤在一起像蛆一样翻动，非常倒胃口。它还有一个难听的名字：塘虱。

先秦时代有些石鼓文流传至今，其中一篇提及鲶鱼——"汧殹泛泛，烝彼淖渊。鰋鲤处之。君子渔之……"大意是：汧河水潺潺，沿岸多潭渊。鲶鱼鲤鱼戏其中，君子捕捉乐无穷……

此文之古朴与《诗经》是一个味道，还有点鲶鱼的土腥气。祖先们视鲶鱼为佳肴，而我自小不太喜欢吃。虽然它的肉嫩滑，但土腥气重，即便用很多作料，也难以掩盖。但钓它却非常愉快，富有成就感。

有人专门钓鲶鱼，总结出很多有趣的方法。比如，最好的饵料是土青蛙和大蚯蚓。这是因为鲶鱼嘴巴大，用大的饵料更讨喜。但在我想象中，先民无须如此烦琐的步骤，直接拿根棍棒，在水草地里搜寻就可以了。

日前看视频，见越南、柬埔寨等国乡村环境美好，野生鲶鱼多，有年轻美貌的姑娘只带了根削尖的细棍和一张自制的弓，就去小溪里射鱼。鲶鱼宽大的身材，往往躲不掉姑娘的"丘比特之箭"，令人耳畔油然回响起《在那遥远的地方》：我愿每天她拿着皮鞭，不断轻轻地打在我身上……

当然鲶鱼承受不了这份浪漫情怀。作为肉食性动物，它也是水中一霸，宁愿待在石缝或淤泥烂草中等待小鱼虾，以尽天年，而不是成为扬州博物馆里那幅《鲇（鲶）鱼图》——两条肥美的鲶鱼被稻草穿了腮，显然即将烹煮。作者李方膺是当年"扬州八怪"之一，在鲶鱼眼中肯定很恐怖，且看画中题诗——河鱼一束穿稻穗，稻多鱼多人顺遂！鲶鱼有知，会进一步对"顺遂"表示不满吧？

2004年夏天，黑龙江石人沟放养场捕获一条重达35公斤的鲶鱼，长1.55米，轰动一方。称其为"中国鲶鱼帝"未尝不可。但因为鲶鱼种类多，广泛分布在世界各地，还有更大的鲶鱼可供《西游记》剧组当活道具——2005 年，泰国人在湄公河捕获一条 293 公斤的鲶鱼，把世界野生动物基金会的科学家都引来了，还专门发声明"这条鲶鱼是目前世界上最大淡水鱼纪录保持者"云云。

咱老祖先不特别在意鲶鱼有多大，除了红烧、炖豆腐等等，还用来给新妈妈催乳。《食经》甚至认为吃它能"令人皮肤肥美"。也有古人提出警告，说"鲶鱼肉不可合鹿肉食，令人筋甲缩"（南朝医学家、道士陶弘景）；"鲶鱼反荆芥"（《本草纲目》）；"痔血、肛痛，不宜多食"（《随息居饮食谱》）等，但不知是否属实？

真正要防备鲶鱼的，是中国南方沿海的老鼠们。因为海里也有一种鲶鱼，非常聪明，喜欢夜晚游到岸边，将尾巴露出来勾引老鼠。一旦尾巴被咬住，它就猛甩，然后来个水中捉鼠游戏。而这一幕是来自北方的《诗经》无法表现的内容，否则，鲶鱼的身价很可能会被先民抬高到神仙的位置呢！

# 鲿：一尾被重新认识的鱼

王大坝和周老圩之间有几口野塘。雷雨过后的夏日傍晚，父亲拎着小桶提着鱼竿就去了。找一棵老柳树，坐下。

青蛙在水草、田野里叫唤，空气清新得就像它所在的年代：1980。偶有喜鹊、麻雀、八哥之类的飞鸟来扰。

安静的时空中"哗啦"一声。父亲提起竿子，一条泥鳅似的鱼儿在半空扭动。我小心翼翼取下它，背上一排刺挺戳手。但还有比它更戳手的鱼，数分钟后被父亲提出水面——"吱呀！吱呀！"

它像鲶鱼，但体形小很多，黄色的，背上一根醒目大刺竖起。合肥土话叫它"汪丫"，通称黄颡鱼，也即《诗经》里的：鲿。

> 有鳣有鲔，鲦鲿鰋鲤。
>
> （《诗经·周颂·潜》）

现在黄颡鱼出口日本、韩国及东南亚，颇受外国人追捧。但在我小时候，它只算一种小杂鱼，市场少见，价格低廉。人们认为它肉少而骨刺多，不实惠。农民难得特意去捕捉它，因为戳手，还不如扒泥鳅来得痛快。所以，虽然《诗经》将其与多种美鱼并列，也未能在江淮、合肥民间产生深远影响。

如果偶尔有乡民急求黄颡鱼，十有八九是因为需要一个土方、偏方。因为此鱼可消水肿、祛风、醒酒。小儿痘疹初期，人们也喜欢用它食疗。除此以外，黄颡鱼在我童年基本默默无闻。而今天的大小饭店里，都有黄颡鱼烹制的多种菜肴勾引新时代食客。

所谓新时代食客，并不排除老一辈人。过去很多不上台面的食物，今天都像黄颡鱼一样被重新认识了。而老一辈人将当年并不看重的事物拿来品味与赞美，有的是图保健效果，更多的是因为怀旧。这种感情投射适用于每一个人。明代才子唐伯虎题《枯木图》有道——

　　枯木萧疏下夕阳，漫烧飞叶煮黄鲿。
　　与君且作忘形醉，明日驱驰汗浣裳。

——貌似两位文友扔了诗书在一起切磋酒量。而"煮黄鲿"这道菜也显得随意。如果我没猜错的话，它可能就是今天合肥人常见的"汪丫炖豆腐"。通常有两种炖法：一种比较清淡，放油盐酱醋葱姜蒜即可；另一种麻辣味，似乎学了川菜。作为小火锅，它们在任意季节都可以出现。

因为现在人工养殖的黄颡鱼（汪丫），蔓延了整个南方市场，仅广东佛山、浙江湖州、四川眉山这三大养殖区的供应量，就是个天文数字。但与过去野外获得的黄颡鱼相比，养殖品似乎颜色不够亮黄，普遍是黄中泛青灰色。我逛菜市场的时候，还曾试着将它们提起来，却听不到那童年的"吱呀"声。似乎很多黄颡鱼挤在一起，都疲了，懒得叫唤。

宋代诗人白玉蟾有一次遇到一位画师，对其作品颇为欣赏，作长诗《赠画鱼者》，其中有道——

　　　　画到妙处手应心，心匠巧甚机智深。

　　　　纸上溶溶一溪水，放出鲦鮭二三尾。

　　——这个小图景虽清雅，但个人想象成分大。因为鲦是一种长而扁的小鱼，而黄颡鱼（鮭）在水中恰恰以小鱼虾、昆虫为食。将这二者画在一起，有类于狼和羊的嬉戏。经验丰富的钓鱼者说，黄颡鱼吃食凶猛，鱼饵要大。它在水里几乎没有天敌，繁殖很快。当然是指野外未经污染的野水。

　　黄颡鱼"脸颊"部位有两粒肉特别好，状似小蒜瓣。有经验的食客认为，这是其精华。可惜太少了，不能痛快品尝。

　　有趣的是，由于各地人们对此鱼称呼不一，时而会闹笑话。比如，杭州街头大排档的食客喊道："老板，来个黄鼠狼儿煲豆腐！"此"黄鼠狼"就是黄颡鱼。合肥食客坐在其中，会感觉不自在，毕竟黄鼠狼的臭味能熏倒追赶它的敌人，以其名入菜，太不考究了吧？